机械基础

（第2版）

毛松发 编著

清华大学出版社
北京

内 容 简 介

本书基于第1版进行修订，内容依据教育部颁布的最新教学大纲，并从高职升学考试出发，以主干知识加"交流与讨论""拓展视野""机械史话""知识链接"等多栏目的创新方式编写而成，主要内容包括机械零件、机械传动、机械润滑与密封、机械常用机构、液压传动、气压传动等。

本书内容精练，文字通俗，图表色彩靓丽，史料生动丰富；创设的各种学习情景和形式多样的练习与实践，对学习起到了很好的辅助作用。

本书以中等职业教育培养初中级技术工人为目标，可作为中等职业学校机电类专业教学用书，也可作为机械类技术工人的培训教材。

本书配有编者精心制作的课件、电子教案和习题解答，可登录清华大学出版社网站（www.tup.com.cn）下载。

图书在版编目（CIP）数据

机械基础 / 毛松发编著 . —2 版 . —北京：清华大学出版社，2016（2021.8 重印）
  ISBN 978-7-302-44230-1

  Ⅰ . ①机… Ⅱ . ①毛… Ⅲ . ①机械学 – 中等专业学校 – 教材 Ⅳ . ① TH11
  中国版本图书馆 CIP 数据核字（2016）第 152477 号

责任编辑：帅志清
封面设计：陈建浩
责任校对：李 梅
责任印制：沈 露

出版发行：清华大学出版社
          网   址：http://www.tup.com.cn, http://www.wqbook.com
          地   址：北京清华大学学研大厦 A 座   邮   编：100084
          社 总 机：010-62770175   邮   购：010-62786544
          投稿与读者服务：010-62776969, c-service@tup.tsinghua.edu.cn
          质量反馈：010-62772015, zhiliang@tup.tsinghua.edu.cn
          课件下载：http://www.tup.com.cn, 010-62770175-4278
印 装 者：涿州汇美亿浓印刷有限公司
经   销：全国新华书店
开   本：210mm×285mm   **印   张：**14   **字   数：**360 千字
版   次：2012 年 8 月第 1 版   2016 年 8 月第 2 版   **印   次：**2021 年 8 月第 7 次印刷
定   价：59.00 元

产品编号：068582-02

本教材第 1 版自 2012 年面世以来，凭借创新的编写方法、体现"做学一体"和图文彩色靓丽的特色，深得广大中等职业学校机械类专业师生的喜爱和好评。笔者深感欣慰之余，也遗憾地发现教材中存在一些瑕疵与不足，有待进一步修改与完善。另外，本次修订依据国家最新教学大纲要求，从高职升学考试出发，在保证培养就业学生坚实的专业基础知识、职业技能和职业素质，提升就业能力和可持续发展能力的同时，着眼于为广大准备升入高职院校深造的学生编写高质量的升学教材。

一、修订的基本思路

秉承第 1 版教材的编写风格，深入优化内容结构，注重能力的培养，强化"做学一体"，彰显机械文化，精编细选经典习题，扩大教材适用范围。

二、内容修改与补充点

1. 重点对联轴器、螺旋传动、轮系、铰链四杆机构、凸轮机构及其他部分内容进行优化、修改。

2. 新增螺纹连接操作、台钻速度调节、V 带张紧、自行车脱链故障排除、自制铰链四杆机构等动手操作活动。

3. 增写了诸如"轮缘、轮毂、轮辐""渐开线""带传动的松边与紧边"等"知识链接"，加强知识之间的衔接，降低知识之间的梯度与学习难度。

4. 精编细选富有灵活性、创新性的经典习题，新增或置换第 1 版 40% 以上的习题。

三、课程任务

掌握常用机械零件、机械传动的基础知识和操作技能，懂得常用机构的工作原理，了解液压传动与气压传动的基本知识和应用。掌握必备的具有初步应用机械标准、规范、手册和查阅技术资料的能力，培养学生分析问题和解决问题的能力。

四、教材编写特色

1. 彩色版式印制，图文精美靓丽。

2. 机械文化浓厚，激荡学生心灵。

3. 内容结构优化，编写形式创新。

4. 引导多元学习，体现做学一体。

5. 注重能力培养，突出学以致用。

6. 习题精编细选，形式多样高质。

教材的完善，非一蹴而就。教材的发展，更有赖于广大师生朋友给予指导及建议。教材如有疏漏和不足之处，热枕欢迎读者批评指正，以供未来再版修订。

毛松发

2016 年 4 月

机械（Machine），源自希腊语 (Machine) 及拉丁文 (Mechina)，原指"巧妙设计"。作为一般性的概念，可以追溯到古罗马时期，主要是为了区别于手工工具。现代中文"机械"一词是英文——机构（Mechnaism）和机器 (Machine) 的总称。

机械作为人类物质文明最重要的组成部分和主要标志，是人类社会生产和经济发展的最强大的引擎，推动了人类社会生活的现代化。今天，人类发明的机器不仅仅是生产和生活的基本要素，改变人类的生活、学习、交往和思维方式，先进高端机器已大大扩展了人类的行动范围，把人类的视野伸向遥远太空（如图1哈勃望远镜），使人类的足迹踏入深邃的海底世界（如图2阿尔文号深海潜艇）。

亲爱的同学们，在享受机械带给我们福祉的同时，你们是否想过，与我们的生活息息相关的机械到底是如何制造出来的？你们是否愿意投身其中？

机械制造业是国民经济的支柱产业，是国家创造力、竞争力和综合国力的重要体现。它不仅为现代工业社会提供物质基础，为信息与知识社会提供先进装备和技术平台，也是国家安全的重要基础。经过三十多年的改革、开放和发展，中国机械制造业已取得了举世瞩目的成就，2009 年中国成为世界第一制造大国和出口大国，多种产品的产量列居世界第一位，中国正成为世界制造的中心。

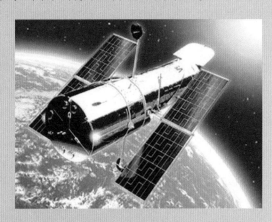 

图1　1994 年由美国航天飞机送上天的哈勃望远镜，　图2　1964 年美国研制的阿尔文号深海潜艇，让人类
　　　使人类看到了时间的起点　　　　　　　　　　　　　足迹从此踏入海底世界

处在工业化的崭新历史起点上，机械制造大国将需要一大批高素质的初中级技术工人。作为现代化生产的后备军，同学们应珍视广阔的就业前景，珍惜今天的学习机会，努力汲取前人在机械领域积累的智慧和经验，练就本领，在机械制造业这个大舞台上，为制造大国向制造强国迈进竭智尽才，建功立业。

同学们，你们将要开始学习的"机械基础"是中等职业学校机械类专业的一门专业基础课，它不仅是机械专业学习后续有关课程的基础，更是我们将来在生产、生活中分析解决问题的好帮手。来吧，让我们走进这前景广阔、活力四射、奥妙无穷的机械世界，慢慢去认识、实践并掌握吧。

"机械基础"依据国家最新的课程大纲，采用最新的机械标准编写，在继承学科传统的基础上，注重科学性，体现先进性，突出实用性，更好地融合了青少年的认知特征和学科发展的线索，阐述了各种机械设备的构造原理、运动规律及相互关系，并以同学们喜欢的风格设计了丰富多彩的探究活动。

不同功能的教材栏目体现了编者的编写理念，有助于同学们学习方式的多样化。

"学习要求"是教材的学习指南，让同学们从整体上把握每一章的知识框架和要求，帮助同学们把握学习的重点，使同学们明确学习的方向，有助于学习目标的真正实现。

"交流与讨论"设置了问题情景，引导同学们开展讨论，为充分表现大家的聪明才智和丰富的想象力提供机会，使同学们享受到由丰富的感性走向深刻的理性的快乐。

"活动与探究"引领同学们积极投身实践活动，使所学知识得到及时巩固、应用和内化，并在"做中学"的自主探究中享受发现的快乐。

"观察与思考"是一个培养观察能力、发展认知、挑战思维的天地，展示的实验、模型、图表中蕴涵深刻的知识原理，想象、分析、判定、推理等思维活动将使同学们体验到头脑风暴的乐趣和批判性、创造性思维的魅力。

"机械史话"将与学科知识相关的机械领域重大事件和典故推荐给同学们，给大家一个历史的透视，揭示它们发明和发现的意义及影响，品味到材料领域的"美味佳肴"。

"人物介绍"将科学家在机械研制、探索中的重大发明和发现介绍给同学们，让大家领略科学的风采，从中汲取丰富的精神营养。

"知识链接"引入发生在生活中的某些真实事件，揭示其中的课程知识内涵，体现课程知识的价值，学会运用课程知识分析社会问题。

"拓展视野"提供更多、更生动的素材，使同学们在完成必要的学习任务之余开阔视野、深化认识、锻造精神，进一步领略课程的奇妙和魅力。

"你知道吗"引导同学们回顾已有的知识，在新旧知识间架起"桥梁"，联系自己原有的经验，激发探究的欲望。

"练习与实践"在每一节后为同学们提供了大量生动活泼、形式多样的练习与实践活动，帮助同学们巩固知识，应用知识解决某些实际问题，打通理论与实际相结合的通道。

根据本课程的应用性知识多，而同学们年龄小，感性知识积累少，实际生产知识匮乏的状况，针对机械设备的典型用途和典型生产过程，本书精心编排了大量的彩色图片，直观的图示、靓丽的色彩，将有助于同学们更好地掌握课程内容。

"机械基础"课程内容与实践生产联系极其密切。因此，同学们在学习基础知识、基本技能的过程中，要贯彻理论联系实际的原则，要充分利用实物、教具、图片或网上视频，勤于观察与思考，注重实验和实习，善于将所学知识运用到日常生活和工作中，深化知识，拓宽知识，积累经验，提高专业素质和能力，为后续课程的学习和日后走上工作岗位打下坚实的基础，从而获益终身。

毛松发

2012年3月

目录 CONTENTS

第一次工业革命　　　　第二次工业革命

　　18世纪60年代从英国发端的以蒸汽动力技术为主导的第一次工业革命，开创了"蒸汽机时代"——以机器代替手工劳动，使生产技术机械化。

　　1866年，德国人西门子发明了发电机，电力开始用于带动机械，成为补充和取代蒸汽机动力的新能源，人类从蒸汽机时代迈进了电气时代。

　　第二次工业革命的又一重大成果是内燃机的制造和使用。1876年，德国人奥托划时代地制造出四冲程内燃机，开创了现代汽车用发动机的先河。

第三次工业革命

  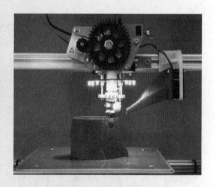

　　世界第一台电子计算机"ENIAC"于1946年在美国宾夕法尼亚大学诞生，从此科学技术的发展突飞猛进。由电子计算机引发的第三次工业革命，将人类带入了数字化信息时代。

　　以机器人技术为核心的产业风暴正席卷全球，不仅实现了工业生产的自动化，而且极大地推动了人类社会经济、政治、文化领域的变革，使人类社会生活和现代化水平向更高境界发展。

　　3D打印技术是制造领域正在迅速发展的一项新兴技术，它彻底颠覆了传统去除材料的加工方法，无须机械加工或模具，就能直接从计算机图形数据生成任何形状的物体，极大地缩短了产品的生产周期。

第1章 机械零件

最高时速可达 500 千米以上的磁悬浮列车，是一种靠磁悬浮力推动的列车，行驶时不接触地面。它告别了陆上交通工具依靠轮子的历史。

学习要求

- 明确机器、机械及其组成。
- 掌握螺纹、键、销等可拆连接件的类型和特点，初步掌握其选用的方法。
- 掌握轴的结构、特点和应用，熟悉轴上零件的固定方法。
- 掌握滑动轴承、滚动轴承的特点、类型和应用，熟悉滚动轴承的代号。
- 明确联轴器和离合器的作用与区别，了解常用联轴器和离合器的构造、性能和特点。

1.1　机械与机器

机械是人类物质文明最重要的组成部分和主要标志，在我们的生产和生活中无处不在并起着重要作用。在生产和生活中，机械为人类减轻劳动强度，提高工作效率，甚至代替人类进行工作。自行车、千斤顶、汽车、机床等都是人们日常生产和生活中非常熟悉的机械（图1-1），它们的组成、功用、性能和运动特点各不相同。

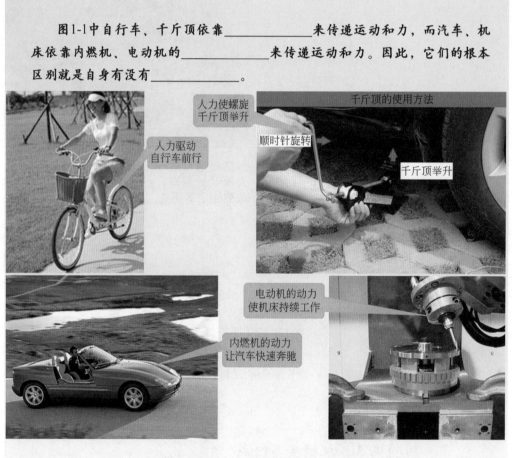

图1-1　人们熟悉的机械

机械是机器和机构的总称。各种机构都是用来传递与变换运动和力的可动装置，如自行车、千斤顶、钟表、台虎钳等。而机器是根据某种使用要求设计的执行机械运动，可用来变换或传递能量、物料和信息的装置，如汽车、火车、数控车床、人造卫星等。

机械制造技术与人类社会的历史一样源远流长。世界机械的发展史，就是人类超越自我、探索未知领域的发展史。经过三次工业革命的洗礼，集机械、电子、信息、自动化、能源、材料和现代管理等众多技术的交叉、融合和渗透而发展起来的先进制造技术突飞猛进，使人类达到了前所未有的境地。今天，机械制造业已成为国民经济的重要支柱，是经济腾飞、国家强大的引擎，是衡量一个国家现代化程度的重要标志之一。

机械史话

三次工业革命

第一次工业革命 18世纪60年代从英国发端的以蒸汽动力技术为主导的第一次工业革命，使人类迎来了"蒸汽机时代"。它开创了人类历史上一种崭新的生产方式——以机器代替手工劳动，使生产技术机械化。

第二次工业革命 从19世纪70年代开始，人类迎来了以电力技术为主导的第二次工业革命。德国人西门子发明了发电机，比利时人格拉姆发明了电动机，电力开始用于带动机械，成为补充和取代蒸汽机动力的新能源。电力工业和电气制造业迅速发展，人类从蒸汽机时代进入了电气时代。

第二次工业革命的又一重大成果是内燃机的制造和使用。19世纪80年代，以煤气和汽油为燃料的内燃机相继诞生。内燃机的发明，解决了交通工具的发动机问题。1885年德国人卡尔·本茨成功地制造了第一辆由内燃机驱动的汽车。

第三次工业革命 20世纪四五十年代，人类掀起了以电子技术为主导，涉及信息技术、新材料技术和工业自动化技术的第三次工业革命浪潮。这次工业革命不仅实现了工业生产技术的自动化，而且极大地推动了人类社会经济、政治、文化领域的变革，也影响了人类的生活方式和思维方式，使人类社会生活和现代化水平向更高境界发展。

人物介绍 A

工业革命之父——瓦特

詹姆斯·瓦特（图1-2）于1736年1月19日生于英国苏格兰格拉斯哥市格里诺克。因健康原因，瓦特没有受过系统教育，但他天资聪颖，对数学兴趣浓厚，坚持自学了天文学、化学、物理学、解剖学等多门学科知识，并自学了多国语言。瓦特在他父亲做工的工厂里学到了许多机械制造知识。1763年，瓦特到著名的格拉斯哥大学工作，修理教学仪器。在大学里，他经常和教授讨论理论与技术问题。1782年，他发明了万能蒸汽机（图1-3），开创了人类历史上以机器代替手工工具的新纪元。

在瓦特发明蒸汽机之前，人类整个生产所需动力依靠人力、畜力、水力和风力。伴随着蒸汽机的发明和改进，工厂不再依河或溪流而建，很多以前依赖人力与手工完成的工作自蒸汽机发明后被机械化生产所取代。蒸汽机彻底改变了人们的工作与生产方式，把人类文明推向了崭新的蒸汽时代，极大地推动了技术进步，并拉开了工业革命的序幕。1819年8月25日，瓦特在靠近伯明翰的希斯菲德逝世。在瓦特的讣告中，对他发明的蒸汽机有这样的赞颂：

"它武装了人类，使虚弱无力的双手变得力大无穷，健全了人类的大脑以处理一切难题。它为机械动力在未来创造奇迹打下了坚实的基础，将有助并报偿后代的劳动。"

图1-2　詹姆斯·瓦特肖像

图1-3　瓦特发明的蒸汽机

为了纪念瓦特这位伟大的发明家，1889年，英国科学促进协会第2次会议将功率单位定为瓦特，简称瓦（W）。1960年，国际计量大会第11次会议确定瓦特为国际单位制中功率的单位。

中国是世界上机械发展最早的国家之一，在机械方面有许多杰出的创造与发明，不仅对中国的物质文明和社会经济的发展起到了重要的促进作用，而且对世界技术文明的进步做出了重大贡献。我国古代的夏朝发明了车子，周朝利用卷筒制作了辘轳，汉武帝时期制造出了利用水力进行农业灌溉的水车，东汉科学家张衡应用齿轮系统制造出了浑天仪，晋朝的机碓和水碾应用了凸轮原理。

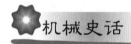

机械史话

浑天仪

浑天仪（图1-4）是浑仪和浑象的总称。浑仪是测量天体位置的仪器，它模仿肉眼所见的天球形状，把仪器制成多个同心圆环，整体看犹如一个圆球，然后通过可绕中心旋转的窥管观测天体。而浑象是古代用来演示天象的仪表。图1-4是我国东汉科学家张衡制造的漏水转浑天仪，它用齿轮系统把浑象和计时漏壶连接起来，漏壶滴水推动浑象绕轴均匀地旋转，一天刚好转一周，这是世界最早出现的机械钟。

图1-4　浑天仪

新中国成立后，特别是改革开放三十多年来，我国的机械制造业发展速度之快、水平之高是前所未有的。新世纪之初，中国成为世界第一制造大国，在国民经济中的支柱地位初步确立，产品朝着大型化、精密化、自动化和成套化的方向发展，航天技术（图1-5）、高铁技术（图1-6）等已经达到或超过了世界先进水平。

在憧憬中国机械制造业美好前景和未来的同时，人们必须清醒地认识到，当今世界，各国经济的竞争主要是制造技术的竞争，中国的机械制造业还处于工业3.0甚至2.0的时代，先进制造技术、产品质量与发达国家仍有较大差距；由制造大国走向制造强国，面临严峻的挑战。面对挑战，同学们应以振兴和发展中国机械制造业为己任，励精图治，奋发图强，使我国的机械制造业能够在较短的时间内，赶上世界先进水平。

图1-5　中国的神舟九号与天宫一号对接　　　　图1-6　中国制造的高铁

 机器

1. 机器的组成

机器的发展经历了一个由简单到复杂的过程。人类为了满足生产和生活的需要，设计和制造了类型繁多、功能各异的机器。但是，只是在1782年英国人瓦特发明了蒸汽机以后，机器才具有了完整的形态。以图1-7所示的家用洗衣机为例，电动机产生的动力经带传动和减速器传动后，带动波轮旋转，整个洗衣过程由洗衣机中的控制器进行控制。一般而言，机器的组成通常包括动力部分、传动部分、执行部分和控制部分，各组成部分的作用和应用举例见表1-1。

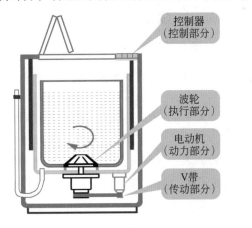

控制器（控制部分）

波轮（执行部分）

电动机（动力部分）

V带（传动部分）

图1-7　家用洗衣机的基本组成部分

表1-1　机器各组成部分的作用和应用举例

组成部分	作　用	应用举例
动力部分	把其他形式的能量转换为机械能，以驱动机器各部件运动	蒸汽机、内燃机、电动机、核反应堆等
执行部分	直接完成机器工作任务的部分。它通常处于整个传动装置的终端，其结构形式取决于机器的用途	汽车的轮子、机床的主轴、起重机的吊钩
传动部分	将动力部分的运动和动力传递给工作部分的中间环节	机械传动系统——带传动、链传动、螺旋传动、齿轮传动等
控制部分	控制机器正常运行和工作，显示和反映机器的运行位置和状态	数控机床或机器人中的控制装置等

同学们必须明白，并不是所有机器都由 4 个部分组成，例如电扇仅由动力部分和执行部分组成；而对于重要的、精度高的复杂机器，除了上述 4 个部分外，还会不同程度地增加辅助系统（如润滑系统、照明系统）等。

2. 机器的组成要素

在一部现代化的机器中，常会包含机械、电气、液压、气动、润滑、冷却、控制、监测等系统的部分或全部，但是机器的主体仍然是机械系统。无论哪一种机器，它的机械系统的基本组成要素都是机械零件。机械零件是不可拆的最小制造单元。

机械零件可分为两大类：一类是以一种国家标准或者国际标准为基准生产的零件，叫作通用零件。它在各种机器中经常用到，如螺栓、螺母、齿轮、键、销、轴等。另一类则是以自身机器标准生产的零件。在国家标准和国际标准中均无对应产品的零件称为专用零件。它在特定类型的机器中才能用到，如国产大型飞机 C919 发动机曲轴、螺旋桨等。

机械中通常把组成机器的某一部分的零件组合称为部件，如联轴器、离合器、减速器等。

本章 1.2 节开始将学习机械零件及联轴器或离合器等部件的结构、特点和应用，初步掌握其选用的方法。

拓展视野

想要什么，机器便"吐"出什么
——创意无限的3D打印机

2010年3月，意大利发明家恩里科·迪尼发明了一种神奇的快速成型机器——3D打印机。

这种三维打印机利用塑料、陶瓷、金属等原料，将设计好的产品，令上千个喷嘴同时喷出一层层的2D平面图，再逐一用激光烧结，叠起来就是一份3D原型，整个成型过程不需要传统的刀具、夹具和机床就可以打造出任意形状。可以说，人们想要什么，机器便能"吐"出什么。图1-8为正在工作的3D打印机。

它也可以自动、快速、直接和精确地将计算机中的设计转化为模型，甚至直接制造零件或模具，有效地缩短了产品研发周期，提高了产品质量并缩减了生产成本。

创意无限的3D快速成型技术如今已成为一种潮流，在机械、医疗、建筑、玩具等领域得到了广泛开发和应用，前景令人震撼。

图1-8　正在工作的3D打印机

练习与实践

1. 填空题

（1）机械是_____和_____的总称。机械的主要作用是_____

_____。

（2）机器的基本组成如下：

① _____，其作用是_____；

② _____，其作用是_____；

③ _____，其作用是_____；

④ _____，其作用是_____。

（3）机器的基本组成要素是_____。它是不可拆的_____。

（4）我国东汉科学家张衡制造的浑天仪，它用_____把浑象和计时漏壶连接起来，漏壶滴水推动浑象绕轴均匀地旋转，一天刚好转_____，这是世界最早出现的_____。

2. 选择题

（1）普通车床中的带传动部分是机器中的（　　　）。

　　A. 动力部分　　　　　　B. 执行部分　　　　　　C. 传动部分　　　　　　D. 控制部分

（2）机械的制造单元是（　　　）。

　　A. 部件　　　　　　　　B. 零件　　　　　　　　C. 组件　　　　　　　　D. 机构

3. 合作学习题

班级小组"合作学习"是目前世界上许多国家普遍采用的一种富有创造性的自主、互助探究的有效学习方法。请根据班级人数，分成若干个"合作学习小组"，依次分工，利用图书资料或网络资料完成以下问题，写出不少于300字的论文，并进行汇报交流或专栏张贴交流。

（1）我国古代劳动人民发明的用于农业灌溉的水车有哪些类型？请用文字配图片说明。

（2）1782年英国人瓦特发明的蒸汽机是一种什么样的机器？蒸汽机发明有哪些划时代的意义？

（3）1990年由美国航天飞机送上天的超级望远镜——哈勃望远镜是一种什么样的机器？该机器的工作运行给人类带来了哪些积极的意义？

（4）美国IBM公司研制了当时世界上计算能力最强的计算机——"深蓝"，请谈谈2003年"深蓝"战胜国际象棋大师的意义。

1.2　螺纹

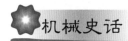机械史话

　　螺纹是人类最早发明的简单机械之一。由于螺纹制造简单，外形尺寸小，具有自锁特性，拧紧时能产生很大的轴向力，并保持较高的连接精度，因而获得了极其广泛的应用。在古代，人们利用螺纹固定战袍的铠甲、提升物体、压榨油料等。今天，无论在日常生活中，还是机械设备中，它是应用最广泛的连接零件，而且利用螺纹传动产生的强大力量还可传动机械。正因如此，2000年，美国《纽约时报》评选人类纪元以来第二个千年最佳工具，螺纹工具当选最佳。

　　如图1-9所示，将一底边长等于πd_2的直角三角形绕到直径为d_2的圆柱体上，三角形斜边在圆柱体表面形成的空间曲线称为螺旋线。在圆柱体表面，用不同形状的刀具沿螺旋线切制出的沟槽即形成螺纹，如图1-10所示。

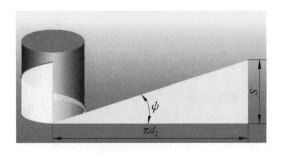

图 1-9　螺旋线

图 1-10　螺纹加工

　　在圆柱体的外表面加工出的螺纹称为外螺纹（图1-11（a）），在圆柱体的内表面加工出的螺纹称为内螺纹（图1-11（b））。

(a) 外螺纹

(b) 内螺纹

图 1-11　外螺纹与内螺纹

螺纹的基本要素

1. 螺纹牙型

　　机械中常用的螺纹牙型有三角形螺纹、矩形螺纹、梯形螺纹和锯齿形螺纹，如图1-12所示。三角形螺纹自锁性好，强度高，结构紧凑，多用于连接；其他螺纹牙型传动效率高，主要用于传动。

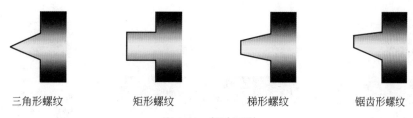

| 三角形螺纹 | 矩形螺纹 | 梯形螺纹 | 锯齿形螺纹 |

图 1-12 螺纹牙型

2. 螺纹直径

螺纹的直径有大径（外螺纹 d，内螺纹 D）、小径（外螺纹 d_1，内螺纹 D_1）和中径（外螺纹 d_2，内螺纹 D_2），如图 1-13 所示。

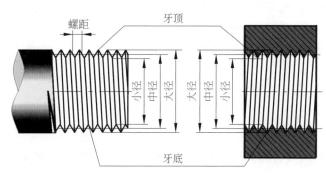

图 1-13 螺纹的基本要素

大径——与外螺纹牙顶或内螺纹牙底相切的假想圆柱的直径，外（内）螺纹的公称直径。

小径——与外螺纹牙底或内螺纹牙顶相切的假想圆柱的直径。

中径——通过牙型齿厚和槽宽相等处的假想圆柱的直径，可认为是外（内）螺纹的平均值。

3. 螺距

螺纹相邻两牙在中径线上对应的轴向距离称为螺距（P），如图 1-13 所示。

4. 线数

线数（n）是指形成螺纹的螺旋线数目。按螺旋线数目，可将螺纹分为单线螺纹和多线螺纹，如图 1-14 所示。沿一条螺旋线所形成的螺纹称为单线螺纹，两条以上螺旋线所形成的螺纹称为多线螺纹。

5. 导程

同一条螺旋线上的相邻两牙在中径线上对应两点间的轴向距离称为导程（P_h）。单线螺纹的导程等于螺距（$P_h=P$），双线螺纹的导程等于两倍螺距（$P_h=2P$），多线螺纹的导程等于螺距乘以线数（$P_h=nP$）。

6. 旋向

螺纹有右旋和左旋之分。沿旋进方向观察时，顺时针旋转时旋入的螺纹为右旋螺纹，逆时针旋转时旋入的螺纹为左旋螺纹，如图 1-15 所示。

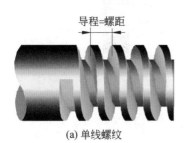
(a) 单线螺纹

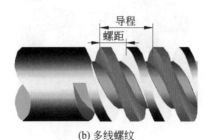
(b) 多线螺纹

图 1-14　单线螺纹和多线螺纹

左旋　　右旋

图 1-15　螺纹旋向

右旋螺纹为常用螺纹，只有在特殊情况下才选用左旋螺纹，如液化气钢瓶接口采用左旋螺纹；或由于旋转方向需要防止螺纹松动采用左旋螺纹，如自行车中轴两头的轴端螺纹，左端是左旋，右端是右旋。

7. 螺旋升角

在中径圆上，螺旋线切线与端面的夹角称为螺旋升角（ψ）。

8. 牙型角

螺纹轴向截面内，牙型两侧边的夹角，称为牙型角（α）。$\alpha/2$ 为牙型半角。三角形螺纹（普通螺纹）$\alpha=60°$，梯形螺纹 $\alpha=30°$。

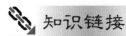 知识链接

传动螺纹介绍

传动螺纹要求传动平稳，增力显著，易自锁，噪声低，通常采用矩形螺纹、梯形螺纹和锯齿形螺纹。

矩形螺纹：牙型为矩形，牙厚为螺距的一半，牙型角 $\alpha=0°$，传动效率比其他类型都高。但牙根强度弱，螺旋副磨损后难以修复和补偿，从而降低传动精度，因而它主要用于传力或传导螺旋。

梯形螺纹：牙型角为等腰梯形，牙型角 $\alpha=30°$，传动效率略低于矩形螺纹。但牙根强度大，工艺性好，可补偿磨损后的间隙，是应用最广的传动螺纹，如机床丝杠、台虎钳螺杆等。

锯齿形螺纹：牙型角为锯齿形，工作面的牙型角为 $3°$，非工作面的牙型角为 $30°$，兼有矩形螺纹传动效率高和梯形螺纹牙根强度大的特点，主要用于单向受力的传力螺旋，如千斤顶、螺旋压力机等。

连接螺纹

用于连接的螺纹称为连接螺纹，其特点是牙型均为三角形。常用的有普通螺纹和管螺纹。

1. 普通螺纹

在国家标准中，将牙型角 $\alpha=60°$ 的三角形螺纹称为普通螺纹，以大径 d（或 D）为公称直径。普通螺纹又可分为粗牙普通螺纹和细牙普通螺纹。

粗牙普通螺纹：螺距最大，应用广泛。

细牙普通螺纹：与相同大径的粗牙普通螺纹相比，它的螺距小，螺纹沟槽浅，升角小，自锁性能好，适用于强度要求较高的薄壁构件及微调装置的调节螺纹，或受变载、冲击及振动的连接。但由于细牙螺纹每圈接触面小且磨损快，易发生滑牙现象，只适用于不常装拆的地方。

普通螺纹的代号：粗牙普通螺纹用字母 M 及公称直径表示；细牙普通螺纹用字母 M 及"公称直径 × 螺距"表示。当螺纹为左旋时，在螺纹代号之后加"LH"表示。

M24 表示公称直径为 24mm 的粗牙普通螺纹。

M24×1.5 表示公称直径为 24mm，螺距为 1.5mm 的细牙普通螺纹。

M24×1.5LH 表示公称直径为 24mm，螺距为 1.5mm，方向为左旋的细牙普通螺纹。

2. 管螺纹

管螺纹为英制螺纹，牙型角 $\alpha=55°$，管子孔径为公称直径，并用英寸表示。管螺纹又分为圆柱管螺纹和圆锥管螺纹。

圆柱管螺纹：本身不具有密封性能。广泛用于水、煤气管道的连接。要求密封时，连接处需要填充密封物，如生料带、橡胶圈等。

圆锥管螺纹：锥度为 1:16 的管螺纹。本身具有密封性能，连接时不用填料，适用于高温、高压、密封要求高的管道连接。

管螺纹、梯形螺纹的代号和标记以及普通螺纹的标记，请同学们自学《机械制图》中的相关内容，本教材限于篇幅不作介绍。

螺纹连接的基本类型

螺纹连接是利用螺纹连接件将工件连接起来的一种可拆件连接。由于螺纹外形尺寸小，具有自锁特性，拧紧时能产生很大的轴向力，能保持较高的精度，且制造简单，故在机械中应用较广。

1. 常用螺纹连接件

常用螺纹连接件有螺栓、螺柱、螺钉、螺母、垫圈等，如图 1-16 所示。它们的结构、尺寸都已标准化，使用时可根据螺栓、螺钉所能承受的载荷或结构要求，计算螺纹的公称直径，然后根据其有关标准选用。常用螺纹连接件的标记示例见表 1-2。

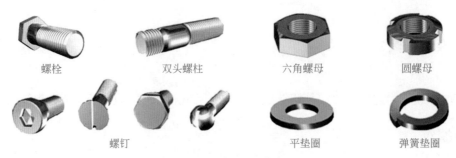

螺栓　　　　双头螺柱　　　　六角螺母　　　　圆螺母

螺钉　　　　　　　　　　　　平垫圈　　　　弹簧垫圈

图 1-16　常用螺纹连接件

表 1-2　常用螺纹连接件的标记示例

名　称	标 记 格 式	标 记 示 例	说　明
螺栓	名称 标准编号 螺纹代号×公称长度	螺栓　GB/T 5780—2000 M10×40	螺纹规格d=10mm，公称长度L=40mm（不包括头部厚度）的C级六角头螺栓
螺母	名称 标准编号 螺纹代号	螺母　GB/T 6170—2000 M20	螺纹规格D=20mm的A级I型六角螺母
双头螺柱	名称 标准编号 螺纹代号×公称长度	螺柱　GB/T 899—1988 M10×40	螺纹规格d=10mm，公称长度L=40mm（不包括旋入长度）的双头螺柱
平垫圈	名称 标准编号 公称尺寸 性能等级	垫圈　GB/T 97.2—2002 8 140HV	公称尺寸d=8mm，性能等级为140HV级，倒角形，不经表面处理的平垫圈
螺钉	名称 标准编号 螺纹代号×公称长度	螺钉　GB/T 67—2000 M10×40	螺纹规格d=10mm，公称长度L=40mm（不包括头部厚度）的开槽盘头螺钉

　　螺栓、螺钉和螺母一般选用 Q235 钢、35 钢、45 钢，对于重要的或特殊用途的螺纹连接件，可选用 15Cr、20Cr、40Cr、15MnVB、30CrMnSi 等机械性能较高的合金钢。弹簧垫圈选用弹簧钢 65Mn 制造，平垫圈一般选用 Q235 钢制造。

2. 螺纹连接的基本类型

　　螺纹连接主要类型有螺栓连接、双头螺柱连接、螺钉连接和紧定螺钉连接。它们的类型、结构、特点及应用见表 1-3。

表 1-3　螺纹连接的类型、结构、特点及应用

类　型	结　构	特点及应用
螺栓连接	普通螺栓连接	螺杆带钉头，通孔无螺纹，螺杆穿过通孔与螺母配合使用。被连接件上的孔与螺杆之间存在间隙，结构简单，装拆方便，使用时不受被连接材料的限制，适用于被连接件厚度不大且能够从两面进行装配的场合。螺栓受拉伸作用

续表

类 型	结 构	特点及应用
螺栓连接	铰制孔螺栓连接	孔与螺杆之间不存在间隙，多采用基孔制过渡配合。这种连接能精确固定被连接件的相对位置，并主要承受横向载荷。螺栓受剪切和挤压作用
双头螺柱连接		双头螺柱的两端都制有螺纹，安装时将螺柱上螺纹较短的一端旋入被连接件之一的螺纹孔内，另一端与螺母旋合而将两个被连接件联接。适用于被连接件之一较厚，并允许多次拆卸的场合
螺钉连接		螺钉直接拧入被连接件的螺纹孔中，不用螺母，结构紧凑。适用于受力不大，连接紧固要求不高，被连接件之一较厚，且不需要经常拆卸的场合
紧定螺钉连接		将紧定螺钉拧入零件的螺纹孔内，末端顶住另一被连接零件表面的凹坑。主要用于受力不大的两个零件相对位置的固定连接

拓展视野

特殊螺纹连接

螺纹连接除基本类型外，还有一些特殊结构的螺纹连接，如图1-17所示为专门用于将机座或机架固定在地基上的地脚螺栓连接，装在机器或大型零部件的顶盖或外壳上便于吊装的吊环螺钉连接，以及用于安装设备（如机床夹具）中的T形槽螺栓连接。

地脚螺栓连接　　　吊环螺钉连接　　　T形槽螺栓连接

图1-17 特殊螺纹连接

交流与讨论

1. 学生课桌桌面固定铰链时采用的螺纹连接是_____连接；

高层建筑的起重机塔吊每节之间的螺纹连接是_____连接；

汽车发动机箱体与盖板采用的螺纹连接是_____连接。

2. 在旗杆顶端要将结构如图1-18所示的定活轮固定（活轮和支撑架都有通孔），若采用螺纹连接固定，请问应选用何种螺纹连接？

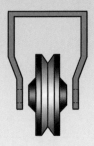

图1-18　定活轮固定

螺纹连接的装拆与防松

1. 螺纹连接的装拆工具

（1）螺钉旋具

常用螺钉旋具有一字和十字两种（图1-19），图1-20所示为电动螺钉旋具。

（2）扳手

扳手分为活扳手、专用扳手、特种扳手和电动扳手。

活扳手：开口大小能在一定范围内调整，通用性好，如图1-21所示。使用时扳手长度不可任意加大，以防力矩大而拧断螺栓。

图1-19　螺钉旋具

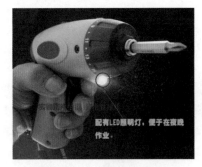

图1-20　电动螺钉旋具

图1-21　活扳手

专用扳手：只能扳动一种规格的螺母或螺钉。普通扳手（图1-22）接触面积大、扭力大，适用于成批螺母或螺钉的固定；套筒扳手（图1-23）适用于凹坑内的螺母，如汽车轮胎与底盘的联接；钳形扳手（图1-24）适用于圆形螺母。

电动扳手：靠电动机的扭矩拧紧螺母，如图1-25所示。其最大特点是具有相等的拧紧力矩，适用于成组的螺纹连接，如内燃机压盖的拧紧、板式家具安装等。

特种扳手：在紧固螺栓、螺母等螺纹紧固件时需要控制施加的力矩大小，以保证螺纹紧固且不至于因力矩过大而破坏螺纹，故应采用扭矩扳手来操作。图1-26所示为数显扭力扳手，扭力值的大小通过扭力表显示。工作时，正转手柄，拧紧螺母;反转手柄，棘爪从棘轮缺口的斜面滑过去。松开螺母时,只要将扳手翻转 180° 使用即可。

图 1-22 普通扳手

图 1-23 套筒扳手

图 1-24 钳形扳手

图 1-25 电动扳手

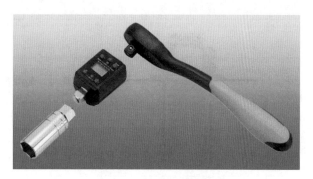
图 1-26 数显扭力扳手

2. 螺纹连接的装拆

（1）螺纹连接的装配

① 被连接零件的结合面应保持清洁、平整，螺纹孔内的脏物用压缩空气吹净。

② 选择合适的安装工具，控制拧紧力矩的大小。

③ 装配成组螺纹连接件时，必须对称进行（图 1-27），且分 2~3 次拧紧。装配成组螺栓时，应保证被连接件受力均匀。

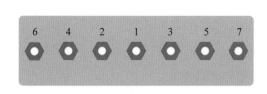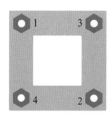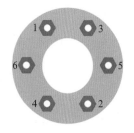

图 1-27 螺母紧固顺序示例

（2）螺纹连接的拆卸

① 选择正确的拆卸工具。

② 按与旋入相反的方向拆卸。

③ 拆卸成组螺纹连接件，按对称的原则，先将各螺母拧松 1~2 圈，然后逐一拆卸。

④ 不同规格的螺纹连接件分组存放。

3. 螺纹连接的防松

螺纹连接一般能满足自锁的要求，尤其是细牙螺纹的自锁性能更好。但在冲击、振动的作用下，会使预紧力减小，摩擦力降低，导致连接螺母逐渐松动、脱落，从而影响机械的正常工作，甚至造成事故。为了确保机械中螺纹连接的可靠性，避免事故，必须采取有效的防松措施。防松的方法很多，可根据工作条件选取。

（1）摩擦防松

摩擦防松利用增加螺纹之间的正压力和摩擦力达到防松目的。常用的摩擦防松方法见表1-4。

表1-4　常用的摩擦防松方法

类　型	结构形式	特点和应用
弹簧垫圈防松	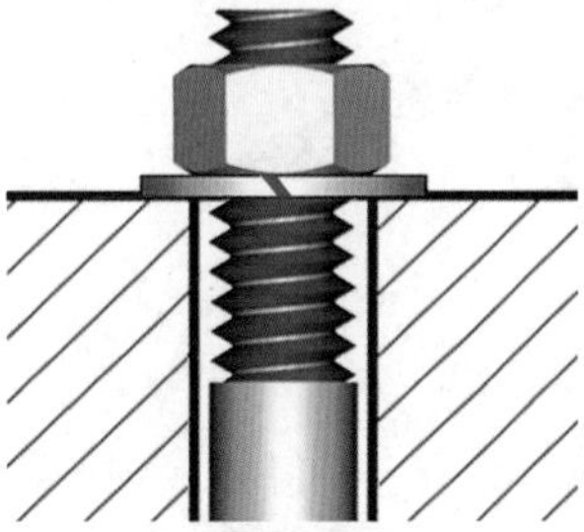	拧紧螺母，垫圈被压平后产生弹力，使螺纹连接压紧，从而达到防松目的。这种方法在振动冲击载荷作用下，防松效果较差，但结构简单，操作方便，广泛用于工作平稳、不经常装拆的场合
双螺母防松	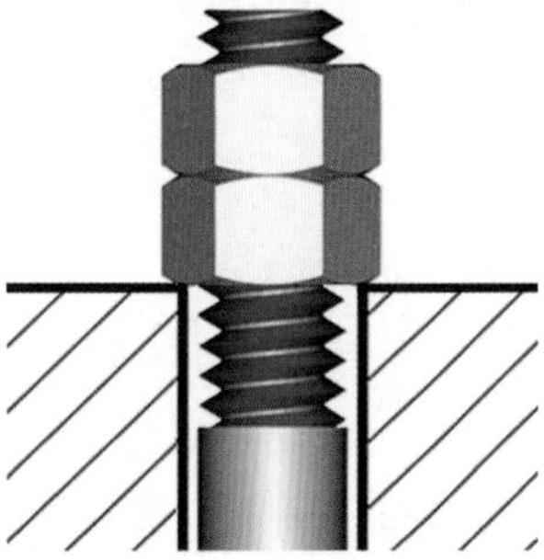	利用主、副螺母的对顶作用，使连接螺纹轴向张紧，从而达到防松目的。这种防松增加了结构尺寸和质量，一般用于低速、重载或较平稳的场合

（2）机械防松

机械防松是增加一个阻碍相对运动的零件，直接防止螺母发生相对运动的防松方法。常用的机械防松方法见表1-5。

表1-5　常用的机械防松方法

类　型	结　构　形　式	特点和应用
槽形螺母与开口销	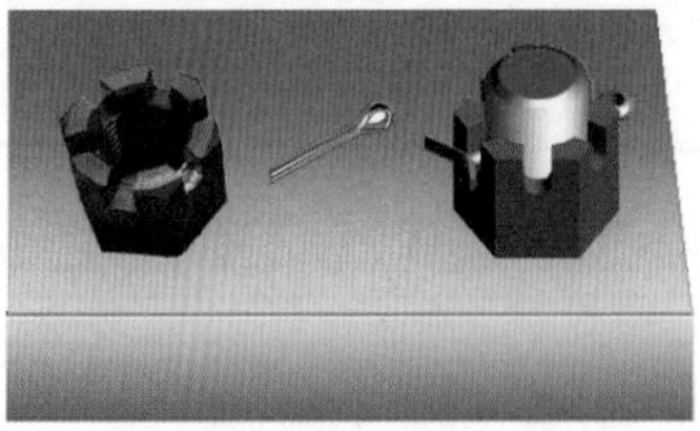	开口销从螺母的槽口和螺栓尾部孔中穿过，起防松作用。安全可靠，应用较广，多用于变载和振动场合

续表

类 型	结 构 形 式	特 点 和 应 用
六角螺母与止动垫片	向下折边　向上折边　止动垫片	将止动垫片的折边折起，分别折靠在螺母和连接件的侧边起防松作用。用于连接部分可容纳止动垫片折边的场合
圆螺母与止动垫圈		将止动垫圈内翅嵌入螺栓槽内，待螺母拧紧后，再将外翅折边嵌入螺母的外缺口内，使螺母和螺杆不发生相对运动。用于受力不大的场合
串金属丝		螺母拧紧后，在各螺母头部小孔内串入钢丝，利用钢丝的牵制作用达到防松目的。使用该方法时注意串孔方向为旋紧方向。适用于布置较紧凑的成组螺纹的连接

（3）永久防松

当螺纹连接不需要拆开时，可采用焊接、端铆、冲点或胶接等不可拆的防松方法。

活动与探究

　　（1）组织学习小组到一家自行车修理铺实习，通过拆卸和装配普通自行车螺纹连接件，确切知道普通自行车有几处使用左螺纹。

　　（2）汽车轮胎的拆卸与装配是驾驶员必须掌握的技能，请你组织学习小组到一家汽车修理铺实习，在师傅指导下，学习更换小轿车的轮胎。

　　（3）断头螺栓的拆卸。如螺栓断在机件表面以上，可在断头上加焊螺母拧出，或在凸出断头上用钢锯锯出一条沟槽，然后用螺钉旋具拧出。

　　螺栓断在机件表面以下，可在螺栓上钻孔，打入多角钢杆，再把螺栓拧出；或用钻头把整个螺栓钻掉，重新攻比原来直径稍大的螺纹并选配相应的螺栓。

　　（4）锈死螺栓或螺母的拆卸。先用手锤轻轻敲击螺栓、螺母四周，以振碎锈层，然后拧出。注意敲振的时候，用力不能过猛，也不能沿轴向敲打，以免使螺纹在外力作用下损坏；也可先向拧紧方向稍拧动一些，再向反向拧，如此反复，逐步拧出；或在螺母、螺栓四周浇些煤油，浸透20min左右，利用煤油很强的渗透力，渗入锈层，使锈层变松，然后拧出；也可快速加热螺母，使螺母膨胀，然后拧出。

练习与实践

1. 填空题

（1）根据螺纹牙型的不同可将螺纹分为_____、_____、_____和_____。

（2）管螺纹的牙型角是_____，公称直径是_____，根据密封性能管螺纹可分为_____和_____。

（3）M20×1.5是公称直径为_____ mm，螺距为_____ mm 的_____牙普通螺纹。

（4）螺纹连接的基本类型有_____、_____、_____和_____。需用螺母配合的连接是_____连接。

（5）装配成组螺纹连接件时，必须_____进行，且分_____次拧紧。

2. 选择题

（1）普通螺纹的牙型角为（　　）。

  A. 30°   B. 33°   C. 55°   D. 60°

（2）普通螺纹的公称直径是（　　）。

  A. 大径的基本尺寸 B. 中径的基本尺寸 C. 小径的基本尺寸 D. 管子的内径

（3）广泛用于连接并起紧固作用的是（　　）。

  A. 三角形螺纹 B. 矩形螺纹 C. 梯形螺纹 D. 锯齿形螺纹

（4）双线螺纹拧入螺母时，旋入一周在轴向移动的距离为一个（　　）。

  A. 螺距   B. 导程   C. 旋合度   D. 配合长度

（5）一副双线粗牙螺旋机构，螺距为3mm。为使螺母沿轴线移动2mm，则螺杆应转（　　）。

  A. 2/3 圈   B. 1/3 圈   C. 3/2 圈   D. 1 圈

（6）若螺纹直径和螺旋副的摩擦系数一定时，则拧紧螺母的效率取决于螺纹的（　　）。

  A. 螺距和牙型角 B. 头数和螺旋升角 C. 导程和牙型角 D. 螺距和螺旋升角

（7）水、油和气的管道连接时通常宜选用（　　）。

  A. 普通螺纹   B. 圆柱管螺纹   C. 圆锥管螺纹

（8）用以固定两零件的相对位置，并可传递不大的转矩的螺纹连接类型是（　　）。

  A. 螺栓连接 B. 双头螺柱连接 C. 螺钉连接 D. 紧定螺钉连接

（9）当被连接件之一较厚，且需要多次装拆时，宜采用（　　）。

  A. 普通螺栓连接 B. 紧定螺钉连接 C. 螺钉连接 D. 双头螺柱连接

（10）下列螺纹连接中，起始安装时需进行"双螺母对顶拧紧"操作的是（　　）。

  A. 螺栓连接 B. 双头螺柱连接 C. 螺钉连接 D. 紧定螺钉连接

（11）在螺栓连接中，有时在一个螺栓上采用双螺母，其目的是（　　）。

  A. 提高强度   B. 提高刚度

  C. 防松   D. 减小每圈螺纹牙上的受力

（12）下列螺纹连接防松方法中利用增大摩擦力防松的是（   ）。

    A. 止动垫片　　　　　　　　　　B. 圆螺母和止动垫圈

    C. 弹簧垫圈　　　　　　　　　　D. 槽形螺母和开口销

3. 判断题（对的打 ✓，错的打 ✗）

（1）普通螺纹的公称直径指的是螺纹中径。　　　　　　　　　　　　　（　　）

（2）M24×1.5 表示公称直径为 24mm，螺距为 1.5mm 的粗牙普通螺纹。　（　　）

（3）弹簧垫圈通常选用 Q235 钢制造。　　　　　　　　　　　　　　　（　　）

（4）螺纹连接时，其垫圈的作用是增加支撑面积以减小压强，避免拧紧螺母擦伤表面以及防松。

                                                  （　　）

（5）拆卸成组螺纹联接件，按对称的原则，先将各螺母拧松 1~2 圈，然后逐一拆卸。　（　　）

4. 简述与实践题

（1）常用螺纹的牙型有哪几种？用于联接的是哪种螺纹？用于传动的是哪种螺纹？

（2）螺纹的哪一直径为公称直径？如何正确判别螺纹旋向？

（3）螺纹连接的基本类型有哪 4 种？当联接件的厚度不大，通孔，并能从两边进行装配时可选用哪一种连接？

（4）螺纹连接为什么会松动？常用的防松方法有哪几种？

（5）图 1-28 分别是 3 个成组螺纹连接，请用数字标示出它们的螺纹连接拧紧顺序。

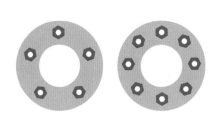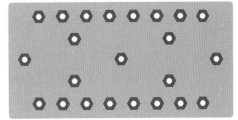

图　1-28

1.3　键

知识链接

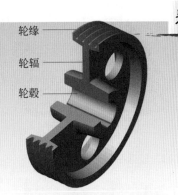

轮缘　轮毂　轮辐

    带轮、齿轮、凸轮、汽车轮胎等有中心孔的零件，通常是安装在轴上工作的。如图1-29所示，其外缘称为轮缘。与轴配合的内圈称为轮毂。轮缘与轮毂连接的部分称为轮辐。

图 1-29　轮缘、轮毂和轮辐

键是一种标准件，通常有平键、半圆键和楔键，如图 1-30 所示。键主要用于轴与轮毂的连接，并传递转矩。如图 1-31 所示，将键嵌入轴上键槽中，再将带有键槽的齿轮轮毂装配在轴上，当轴转动时，因键的存在，齿轮就能与轴同步转动，达到传递动力的目的。当然，也有些类型的键还可以实现轴与轴上零件的轴向固定或轴向动连接。

键的材料通常选用 45 钢，当轮毂为有色金属或非金属时，可用 20 钢或 Q235 钢制造。

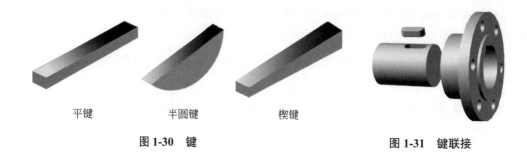

平键　　　　半圆键　　　　楔键

图 1-30　键　　　　　　　　　　图 1-31　键联接

由于键连接的结构简单、工作可靠、装拆方便且成本较低，因此在机器中得到了广泛的应用。下面主要介绍键连接的类型、特点及应用。

平键联接

平键是矩形连接件，按用途分为普通平键和导向平键两种。

1. 普通平键

根据键的头部形状不同，普通平键有圆头（A 型）、方头（B 型）和单圆头（C 型）3 种形式（图 1-32）。圆头普通平键因在键槽中不会发生轴向移动，定位效果好，因而应用最广。圆头、方头普通平键主要用于轴的中部连接，单圆头普通平键则较多地应用于轴的端部连接。

图 1-33 所示为普通平键连接，用于轴与轮毂的静连接（无轴向移动），键的两侧面为工作面，工作时依靠键的侧面与键槽接触来传递转矩，键的上表面和轮毂槽底之间留有间隙。这种连接对中性较好，装拆方便，适用于高速、高精度和承受变载、冲击的场合。但这种键不能实现轴上零件的轴向固定。

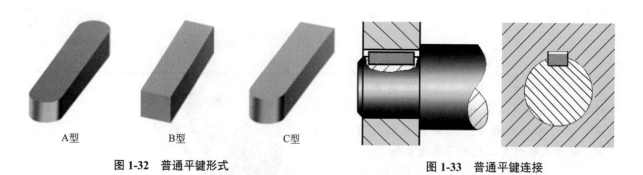

A型　　　　　B型　　　　　C型

图 1-32　普通平键形式　　　　　　　图 1-33　普通平键连接

普通平键作为标准件，其主要尺寸为宽度 b、高度 h 与长度 L，根据 GB/T 1096—2003 标记方法为：

标准编号 键型 $b \times h \times L$（键宽 × 键高 × 键长）

标记示例：

GB/T 1096 键 A $16 \times 10 \times 100$（A 可不标）

表示 b=16 mm，h=10 mm，L=100 mm A 型普通平键。

GB/T 1096 键 B $16 \times 10 \times 100$

表示 b=16 mm，h=10 mm，L=100 mm B 型普通平键。

GB/T 1096 键 C $16 \times 10 \times 100$

表示 b=16 mm，h=10 mm，L=100 mm C 型普通平键。

2. 导向平键

轴上安装的零件需要沿轴向移动时，可将普通平键加长，改为导向平键。导向平键与轮毂的键槽采用间隙配合，轮毂可沿导向平键轴向移动（如图 1-108 中从动摩擦盘的导向平键）。按端部形状，导向平键分为圆头（A 型）和方头（B 型）两种。因导向平键较普通平键长，一般用螺钉固定在轴槽中，以防松动。为了装拆方便，键中间设有起键螺孔。导向平键适用于轮毂移动距离不大的场合。

3. 平键的选用

可根据键连接的结构特点、使用要求和工作条件来确定键的类型和尺寸。

平键的截面尺寸 $b \times h$（键宽 × 键高）按轴的直径 d 可在附录 A 的标准中选定；平键的长度 L 略短于轮毂长，也可依据附录 A 的标准选取。

交流与讨论

一减速器的输出轴，轴与齿轮采用键连接，已知轴径 d=70mm，齿轮轮毂的长度 L=85mm。若选用 B 型普通平键，则该 B 型普通平键的宽度=_____ mm，高度=_____ mm，长度=_____ mm。标记为_____。

知识链接

平键连接配合类型

平键连接采用基轴制配合，按键宽配合的松紧程度不同，分为较松连接、一般连接和较紧连接 3 种。3 种连接的键宽、轴槽宽和轮毂槽宽的公差及其应用见表 1-6。

表 1-6 平键连接配合种类及应用范围

平键连接配合种类	尺寸 b 公差			应 用 范 围
	键	轴槽	轮毂槽	
较松连接		H9	D10	主要用于导向平键，属于间隙配合
一般连接	h9	N9	JS9	用于传递载荷不大的场合，在一般机械中应用广泛
较紧连接			P9	用于传递重载荷、冲击载荷及双向传递转矩的场合

半圆键连接

半圆键如图 1-34 所示，其侧面呈半圆形。图 1-35 为半圆键连接，轴槽也制成半圆形，轮毂槽开通，工作面也是两侧面。半圆键的特点是制造容易，拆装方便，键能绕轴槽底圆弧摆动，以适应轮毂的装配。但轴上键槽较深，对轴的强度削弱较大，故一般适用于轻载连接，尤其适用于锥形轴端部连接。

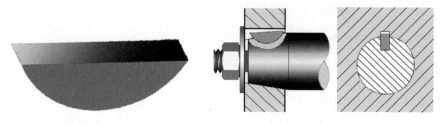

图 1-34 半圆键   图 1-35 半圆键连接

楔键连接

楔键分为普通楔键和钩头楔键两种，如图 1-36 所示。图 1-37 所示为楔键连接的结构形式，楔键的上表面和轮毂键底槽面有 1：100 的斜度，上、下面为工作面，装配时将键打入轴与轮毂键槽内，使上、下面产生很大的挤压力；两侧面与轮毂键槽侧有间隙，工作时靠接触面间摩擦力来传递转矩及单向轴向力。钩头楔键装配时钩头与轮毂应留有拆卸空间，以便拆卸。

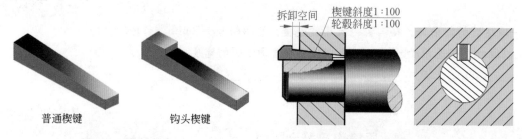

普通楔键   钩头楔键

图 1-36 楔键种类   图 1-37 楔键联接

楔键使零件实现周向固定的同时还实现轴向固定，能承受单方向的轴向力，但由于键装配打入时，会导致轮毂产生偏心，对中性差，当受到冲击和变载作用时，容易发生松动。因此，楔键连接仅适用于精度要求不高、转速较低的场合，如农业机械和建筑机械。

知识链接

花键连接

花键联接由等距分布着齿数相同键齿的内、外花键结合而成，齿侧面为工作面，如图1-38所示。与平键联接相比，因键的数目增多，总接触面积增大，且键槽较浅，对轴的强度削弱较小。因此花键具有承载能力强、传递转矩大、导向性好、定心精度高等优点，但花键制造困难，成本较高。

花键连接主要用于定心精度要求高和大载荷的场合，在机床和汽车工业中应用广泛。

根据键齿的不同，常用的花键分为渐开线花键和矩形花键两类。

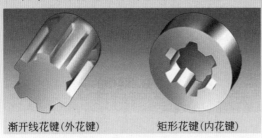

渐开线花键(外花键)   矩形花键(内花键)

图1-38 花键连接

活动与探究

组织学习小组到摩托车修理铺实习，在师傅指导下，通过拆卸摩托车发动机认识平键和半圆键及其作用。

练习与实践

1. 填空题

（1）键是一种标准件，通常有＿＿＿＿＿＿＿、＿＿＿＿＿＿＿和＿＿＿＿＿＿。键的主要作用是＿＿＿＿＿＿＿＿＿＿＿＿。

（2）在平键、半圆键和楔键3种键中，工作面为两侧面的是＿＿＿＿＿＿，工作面为上、下面的是＿＿＿＿＿＿。

（3）平键标记"GB/T 1096 键 $18 \times 11 \times 70$"，表示该键为＿＿＿＿＿＿型普通平键，18表示＿＿＿＿＿＿，11表示＿＿＿＿＿＿，70表示＿＿＿＿＿＿。

2. 选择题

（1）方头普通平键 $b \times h \times L = 20 \times 12 \times 56$，其标注应为（   ）。

     A. 键 20×56 B. 键 $B20 \times 12$ C. 键 $C20 \times 56$ D. 键 $B20 \times 12 \times 56$

（2）普通平键连接的主要作用是使轴与轮毂之间（   ）。

     A. 沿周向固定并传递转矩   B. 沿轴向固定并传递转矩

     C. 沿轴向可作相对滑动并具有导向作用   D. 安装与拆卸方便

（3）常用于轴的端部，靠侧面传递转矩的普通平键是（   ）。

     A. 半圆键   B. A型普通平键   C. B型普通平键   D. C型普通平键

（4）普通平键是标准件，其截面尺寸 $b \times h$ 是根据（   ）从国标中选出来的。

A. 轴的转矩大小   B. 轴的直径大小   C. 轮毂长度   D. 传递功率大小

（5）键的长度是根据（　　）确定的。

    A. 轴的转矩大小   B. 轮毂长度   C. 轴的直径大小

（6）锥形轴与轮毂的键连接常用（　　）。

    A. 平键连接   B. 半圆键连接   C. 楔键连接   D. 花键连接

（7）半圆键连接的主要优点是（　　）。

    A. 轴的削弱较轻   B. 键槽的应力集中小

    C. 键能绕轴槽底圆弧摆动，以适应轮毂的装配

（8）楔键连接的缺点是（　　）。

    A. 键的斜面加工困难   B. 键安装时易损坏

    C. 键装入键槽后，在轮毂中产生初应力   D. 轴和轴上零件的对中性差

（9）以下键连接中，对轴上零件有轴向固定作用的是（　　）。

    A. 平键连接   B. 楔键连接   C. 半圆键连接   D. 花键连接

（10）花键连接与平键连接比较，以下观点错误的是（　　）。

    A. 承载能力较大   B. 对中性和导向性都比较好

    C. 对轴的削弱比较大   D. 接触面积增大

3. 实践题

    某一齿轮与轴采用普通平键连接，轴的直径 d=56mm，齿轮轮毂的长度 L=95mm，若选用的是 C 型普通平键，试确定其尺寸，并标记。

1.4 销

销的基本形式

    销的基本类型有圆柱销和圆锥销两种，如图 1-39 所示，其他类型的销，如开口销、安全销等都是由它们演化而来的。生产中，销一般选用 35 钢、45 钢、30CrMnSiA 或 T8、T10A 等材料制造，并淬火达到要求的硬度。

    用销将两个零件连接在一起称为销连接，如图 1-40 所示。销连接结构简单，拆装方便，工作可靠，是各种机械广泛应用的标准件。

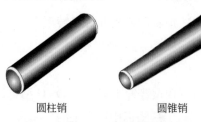

圆柱销   圆锥销

图 1-39　销的基本类型

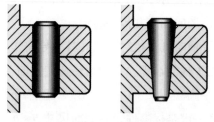

图 1-40　销连接

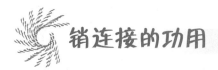 销连接的功用

根据连接功能不同，销可用于固定零件的相对位置、传递动力或转矩，或用做安全装置中被切断的零件。

1. 定位销

定位销是用来固定零件之间相对位置的销，如图1-40所示。定位销一般不承受载荷或承受很小的载荷。例如减速器的箱体和箱盖之间采用销进行定位。

定位销通常采用圆锥销，因为圆锥销具有1:50的锥度，联接的定位精度较高，具有可靠的自锁性，拆卸方便，且多次拆装也不会影响连接零件的定位精度。定位销的直径可根据结构要求确定，使用数量不少于两个。销在每一个连接零件内的长度约为销直径的1~2倍。

定位销也可采用圆柱销，靠一定的配合固定在被连接零件的孔中。但圆柱销多次拆装，会降低连接的可靠性和影响定位精度，因此，只适用于不经常拆装的定位连接中。

2. 连接销

连接销是用来传递运动和转矩的销，如图1-41所示。连接销只能承受不大的载荷，通常用于轻载或不很重要的场合，如轴与轮毂、轴与套筒联轴器的连接。

连接销可采用圆柱销或圆锥销，圆柱孔须铰制。联接销工作时受剪切和挤压作用，其尺寸应根据结构特点和工作情况，按经验和标准选取。

3. 安全销

用于安全保护装置中的过载剪断元件。当传递的动力或转矩过载时，用来连接的销首先被切断，从而保护被连接的零件免受损坏，这种销称为安全销，如图1-42所示。销的尺寸通常以过载20%~30%时即折断为依据确定。使用时，应考虑销切断后不易飞出和易于更换，为此，必要时可在销上切出槽口。

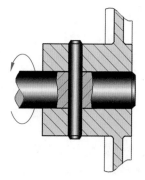
图1-41 传递转矩的连接销

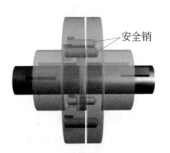
安全销
图1-42 安全联轴器

带螺纹的销

为满足特殊连接的需要，机械专家还设计制造出了以下3种带螺纹的销。

带内螺纹的圆锥销（图1-43）、大端带螺尾的圆锥销（图1-44）适用于不通孔场合。螺纹供拆卸用。

小端带螺尾的圆锥销（图1-45），可用螺母锁紧，适用于冲击、振动的场合。

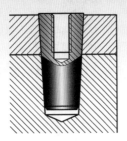   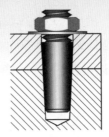   

图1-43 带内螺纹的圆锥销　　图1-44 大端带螺尾的圆锥销　　图1-45 小端带螺尾的圆锥销

拓展视野

不可拆连接简介

可拆连接：是指连接拆开时，不破坏连接中的零件，重新安装即可继续使用的连接。如前面学习过的螺纹连接、键连接、销连接等。

不可拆连接：是指连接拆开时，要破坏连接中的零件，不能继续使用的连接。如过盈配合连接、焊接、铆接、粘接等不可拆连接。下面简要介绍。

1. 过盈配合连接

图1-46所示为间隙配合与过盈配合。利用两个被连接件间的过盈配合来实现的连接称为过盈联接，如图1-47所示。配合表面多为圆柱面，也有圆锥或其他形式的配合面。这种连接当过盈量较小时，也可做成可拆连接。

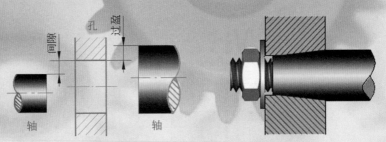

图1-46 间隙配合与过盈配合　　　图1-47 圆锥面过盈连接

过盈连接装配后，由于结合处的弹性变形和过盈量，在配合表面将产生很大的正压力，工作时靠配合表面产生的摩擦力来传递载荷。这种连接结构简单，对轴的削弱小，对中性好且耐冲击性能强，但配合表面的加工精度要求高，装配不方便。

2. 焊接

焊接是利用局部加热的方法将被连接件固为一体的不可拆连接。在机械工业中，常用的焊接方法有电弧焊、电阻焊、气焊等。在焊接时，被连接件接缝处的金属和焊条熔化、混合并填充空隙而形成焊缝。常用的焊接接头形式如图1-48所示。焊接工艺简单，强度较高，应用十分广泛。在单件生产、技术革新、新产品试制时，采用焊接周期短、成本低，具有独特的优势。

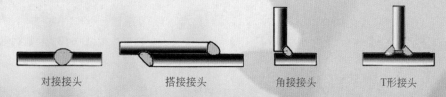

| 对接接头 | 搭接接头 | 角接接头 | T形接头 |

图1-48 常用的焊接接头形式

3. 铆接

铆接是将铆钉穿过被连接件上的预制孔，经铆合而成的一种不可拆连接，如图1-49所示。铆接具有设备简单、耐冲击载荷等优点，但结构笨重，铆合时有剧烈的噪声。目前桥梁、飞机制造、家用物品等领域还采用铆接，其应用已逐渐减少，并被焊接、粘接所取代。图1-50为全钢结构铆接的上海外白渡桥。

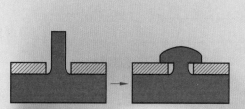

图1-49 铆接原理示意图　　　图1-50 全钢结构铆接的上海外白渡桥

4. 粘接

粘接是用粘结剂将被连接件固为一体的不可拆连接。常用的粘结剂有酚醛-乙烯、环氧树脂等。图1-51为由钢板、隔热层和摩擦块粘接而成的汽车刹车片，图1-52所示为高强度钢化玻璃与不锈钢金属粘接的电子秤。

图1-51 由钢板、隔热层和摩擦块　　图1-52 高强度钢化玻璃与不锈
粘接而成的汽车刹车片　　　　　钢金属粘接的电子秤

粘接的优点是工艺简单、无残余应力、重量轻、密封性好，以及可用于不同材质的连接。但缺点是对接头载荷的方向有限制，且不宜承受大的冲击载荷，也不适用于高温工作的零件。

👁 观察与思考

不锈钢电茶壶的壶柄与壶体采用铆接连接（图1-53），仔细观察日常生活用品中还有哪些金属用品也采用铆接连接？

图1-53 不锈钢电茶壶

✎ 练习与实践

1. 填空题

（1）销的基本类型有_____和_____。根据销连接的功用，可分为_____、_____和_____。主要用于传递运动和转矩的是_____。

（2）常用的连接方法中可拆连接有_____，不可拆连接_____。

2. 选择题

（1）圆锥定位销的锥度是（　　）。

    A．1∶20　　　　　　　B．1∶30　　　　　　　C．1∶50

（2）在同一销孔内经过多次拆装而不影响定位精度的是（　　）。

    A．圆柱销　　　　B．圆锥销　　　　C．开口销　　　　D．安全销

（3）在传递转矩过载时，销被剪断，从而保护了连接件，这种销称为（　　）。

    A．定位销　　　　　B．联接销　　　　C．安全销

（4）正确应用的销连接是（　　）。

    A．定位销通常同时用于传递扭矩　　　　B．定位销使用的数目不得少于两个

    C．不可在安全销上切出槽

（5）某轴的圆柱面采用过盈配合连接，则轴径与孔径的关系是（　　）。

    A．轴径与孔径相等　　B．轴径小孔径大　　C．轴径大孔径小

（6）属于不可拆连接的是（　　）。

    A．螺纹连接　　　　B．键连接　　　　C．销连接　　　　D．铆接

3. 简述与实践题

（1）何谓过盈配合连接？请说明该连接的优缺点。

（2）仔细观察自行车，填写出表1-7中零（部）件的连接方式。

表　1-7

零（部）件	三脚架	踏脚轴与曲拐	曲拐与链轮	曲拐与中轴
连接方式				

（3）普通自行车的中轴与踏脚杆之间选用销连接，但销并不穿过轴的中间，而在侧面，且做成斜面，与轴的侧面相配合来传递转矩，请说明这种连接的优点。

1.5　轴

　　轴是机器中最基本、最重要的机械零件，其作用：一是支承回转零件（如齿轮、带轮等）；二是传递运动和转矩。轴有时仅起第一个作用或仅起第二个作用，但通常情况下，轴兼起上述两个作用。

常用轴的种类

1. 按轴的受力情况分类

　　① 心轴：用来支承转动零件。心轴分为转动心轴（图 1-54）和固定心轴（如滑轮支承轴）两种。心轴工作时只承受弯矩，不传递动力。

　　② 传动轴：用来传递动力，如汽车的驱动轴（图 1-55）、吊扇的传动轴。传动轴工作时只传递转矩，不承受弯矩。

　　③ 转轴：既支承回转零件又传递动力。机器中大多数的轴都属于这类轴，如机床主轴、减速器输出轴（图 1-56）等。转轴工作时既承受弯矩又传递转矩。

图 1-54　铁路机车车轮转动心轴　　图 1-55　汽车的驱动轴　　图 1-56　减速器输出轴

观察与思考

　　观察图1-57所示的链条自行车，请根据其工作原理判别自行车前轮轴、后轮轴以及和脚踏相连的中间轴各属于什么轴？

　　前轮轴属于＿＿＿＿＿＿＿＿＿＿＿＿。

　　后轮轴属于＿＿＿＿＿＿＿＿＿＿＿＿。

图 1-57　自行车　　中间轴属于＿＿＿＿＿＿＿＿＿＿＿＿。

2. 按轴线形状分类

（1）直轴

直轴的轴线为一直线，用于一般机械。直轴根据外形不同，可分为以下两类。

① 光轴：外径相同的轴，如图1-58所示。光轴结构简单，加工容易，但轴上零件不易固定。

② 阶梯轴：轴有两个以上的不同截面尺寸，如图1-59所示。阶梯轴加工复杂，其优点是便于零件的固定及拆装，应用广泛。

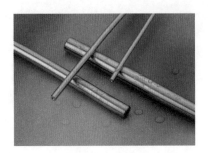

图1-58 光轴

图1-59 阶梯轴

（2）曲轴

曲轴是机器中用于往复直线运动和旋转运动相互转换的专用零件，如图1-60所示。曲轴主要用于各类发动机中，如内燃机、空气压缩机中的曲轴。

（3）软轴

软轴具有良好的挠性，它可以将回转运动灵活地传到任何空间位置，如图1-61所示。软轴常用于医疗器械和手持型电动机具，如牙医修牙用的磨削砂轮、混凝土振动器中的软轴。

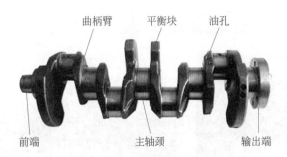

图1-60 帕萨特发动机曲轴

图1-61 混凝土振动器中的软轴

轴的结构与工艺

1. 轴的结构

光轴结构简单，加工方便，但轴上零件不易定位。阶梯轴截面直径不等，便于零件的固定和安装，因此阶梯轴的应用十分广泛。如图1-62所示，阶梯轴上截面尺寸变化的部分称为轴肩或轴环；用于装配轴承的部分称为轴颈；装配回转零件的部分（如带轮、齿轮）称为轴头；连接轴头与轴颈的部分称为轴身。在机械设计和制造时，轴的结构一般应满足三方面的要求：①轴上的零件可靠固定；②轴便于加工和尽量避免或减小应力集中；③轴上零件便于安装与拆卸。

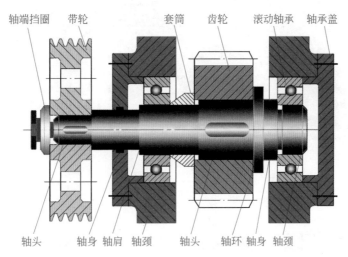

图 1-62 轴的结构

2. 轴上零件的固定

为了保证机械零件的正常工作，轴上零件必须定位准确和固定牢靠，因此轴上零件应在轴向和周向两个方面进行固定。

轴向固定：轴向固定的目的是保证零件在轴上有确定的轴向位置，防止零件做轴向移动，并能承受轴向力。

周向固定：周向固定的目的是保证轴能可靠地传递运动和转矩，防止轴上零件与轴产生相对转动。常用的轴向固定和周向固定方法见表 1-8。

表 1-8 常用的轴向固定和周向固定方法

固定方法	图　示	结构、特点及应用
轴肩（轴环）固定	轴肩　轴环	轴肩和轴环的高度h=2~10mm，轴环的宽度b≈1.4h。轴肩和轴环的圆角半径r应小于与轴配合零件的倒角尺寸C或圆角半径R。固定滚动轴承时，应小于滚动轴承内圈高度，以便于滚动轴承的拆卸 结构简单、定位可靠，能承受较大的轴向力，是一种最方便、最可靠的轴向固定方法，广泛用于齿轮、带轮、联轴器、轴承等零件的轴向固定
套筒固定	套筒	结构简单，拆装方便，可避免在轴上开槽、切螺纹、钻孔而削弱轴的强度 适用于相邻两零件间距较小的轴向固定。若零件间距较大，会使套筒过长，增加材料用量和轴部件质量
圆螺母固定		当无法采用套筒固定或套筒太长时，可采用圆螺母做轴向固定。这种方法通常用在轴的中部或端部，具有拆装方便、固定可靠、能承受较大轴向力等优点。其缺点是须在轴上切制螺纹。为防止圆螺母的松脱，常采用双螺母或一个螺母加止推垫圈来防松

续表

固定方法	图　示	结构、特点及应用
弹性挡圈固定		结构简单紧凑、拆装方便，但需要在轴上切槽，产生一定的应力集中，承受的轴向力较小，常用于滚动轴承的轴向固定
轴端挡圈固定	轴端挡圈	当零件位于轴端时，可利用轴端挡圈与轴肩、圆锥面进行轴向固定。该固定拆装方便，通常用于承受剧烈振动和冲击的场合
键固定		结构简单，拆装方便，不能承受轴向力，广泛用于普通零件的周向固定
花键固定		接触面积大，承载能力强，对中性和导向性好。主要用于载荷较大、定心要求高的周向连接
销固定		轴向、周向同时固定，不能承受较大的载荷，对轴强度有削弱。常用于传递动力和安全装置的销连接
过盈配合固定		结构简单，对轴的削弱小，对中性好，耐冲击性能强，轴向、周向同时固定，但配合表面的加工精度要求高，装配不方便 不适用重载和经常拆装的场合

续表

固定方法	图 示	结构、特点及应用
圆锥面固定	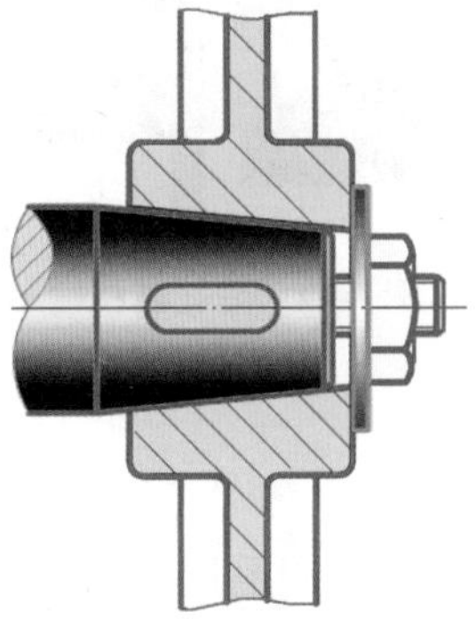	能消除轴与轮毂间的径向间隙，定心精度高，能承受冲击载荷，拆装方便，可同时实现轴向固定和周向固定 常与轴端挡圈、圆螺母配合，用于轴端零件的固定
紧定螺钉固定	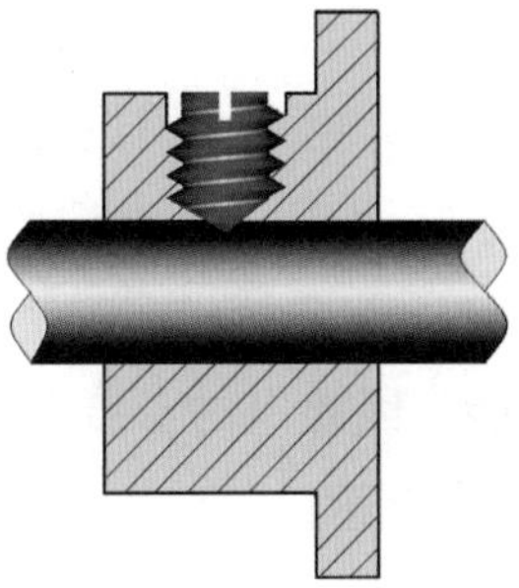	轴向和周向同时固定，结构简单，不能承受较大的载荷 主要用于受力不大的两个零件相对位置的固定连接

交流与讨论

在表1-9的轴向固定与周向固定方法中：

只能用于轴向固定的是_____。

只能用于周向固定的是_____。

同时具有轴向固定和周向固定作用的是_____

_____。

3. 轴的结构工艺性

轴的结构工艺性是指轴的结构形式应便于加工，便于轴上零件的装配，便于使用、维修，并且能提高生产率，降低成本。有关轴的工艺结构应注意以下问题。

阶梯轴应设计成中间大、两端小，由中间向两端依次减小，以便于轴上零件的拆装。

轴端、轴颈与轴肩（或轴环）的过渡部位应有倒角或过渡圆角，以便于轴上零件的装配，避免划伤配合表面，并减小应力集中。轴肩（或轴环）的过渡圆角半径应小于轴上安装零件内孔的倒角高度和圆角半径。轴上有多处倒角或圆角时，应尽可能使倒角和圆角大小一致，以减少刀具规格和换刀次数。

轴上有螺纹时，应有螺纹退刀槽（图 1-63），以便于螺纹车刀退出；须磨削的轴段应留有越程槽（图 1-64），以便于磨削用砂轮越过工作表面。

当轴上有两个以上键槽时，应布置在同一直线上，且槽宽应尽可能统一，以便于加工。

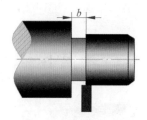

图 1-63　螺纹退刀槽　　　　图 1-64　砂轮越程槽

4. 轴的材料及选用

制造轴的材料主要是碳钢和合金钢，其次是球墨铸铁。轴的毛坯多数用圆钢和锻件，锻件的内部组织均匀、强度较好。对于重要的轴及大尺寸或阶梯尺寸变化较大的轴，应采用锻制毛坯；对于直径较小的轴，可直接用圆钢加工。

由于碳钢比合金钢价廉，对应力集中的敏感性较低，同时也可以用热处理方法提高其耐磨性和抗疲劳强度，故一般的轴采用碳钢制造。其中，最常用的是 45 号钢；对于不重要或低速轻载的轴，也可以用 Q235 钢等普通碳素结构钢制造。

合金钢比碳钢具有更高的力学性能和更好的淬火性能。因此，对于传递大功率，并要求减小尺寸与质量，提高耐磨性及处于高温条件下工作的轴，常采用合金钢。

球墨铸铁由于容易制成复杂的形状，且价廉，减振、减磨，缺口敏感性低，故常用于制造外形复杂的轴。

轴的常用材料及其主要力学性能如表 1-9 所示。

表 1-9　轴的常用材料及其主要力学性能

材料牌号	热处理方法	毛坯直径/mm	屈服点/MPa	抗拉强度/MPa	应 用 说 明
35	正火	≤100	315	530	用于一般的轴
45	正火	≤100	355	600	用于较重要的轴，应用最广泛
	调质	≤200	360	650	
Q235	—	—	235	420	用于不重要或载荷不大的轴
35SiMn	调质	≤100	559	750	用于重要的轴
40Cr	调质	≤100	785	980	用于载荷较大、重要的轴
20Cr	渗碳淬火回火	≤60	540	835	用于要求强度、韧性及耐磨性均较高的轴
QT600-3	等温淬火	—	370	600	用于外形复杂的轴

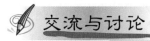 交流与讨论

阅读"一道难以觉察的刀痕，导致直升机机毁人亡"的新闻，请谈谈机械设计、制造和安装时应注意哪些问题？

一道难以觉察的刀痕，导致直升机机毁人亡

1987年10月8日，我国青海某陆航团一架从国外进口的直升机尾桨突然断裂失效，飞机坠地断成3截，造成3人死亡、6人重伤、9人轻伤的重大事故。空难的发生震动了高层领导，到底是飞行员操纵失误，还是机械故障，或是海拔过高的影响呢？

在中方调查小组赶赴空难现场的同时，外方也先后派来了3批调查专家。外方首先提出飞机缺油，可是经过调查，飞机分解后还存有油料；接着外方又提出油料的成分不对，可经过我国红外线光谱的检测，油料的成分也没有任何差错；外方又推测说是轴承有问题，可检测轴承，还是没有问题。无奈之下，外方推断是我国飞行员操作有问题。

双方僵持不下，可中方调查专家张栋不服。经过极其细致的检验，他在飞机尾桨的金属材料上发现了一道浅得几乎难以觉察的金属刀痕。通过电子显微镜扫描和光谱分析，张栋得出了结论："本次事故，就是由于这道加工刀痕导致尾桨金属材料疲劳而发生断裂，事故的责任完全在外方！"

经过多次检测，在事实面前，外方最后同意了张栋的观点。

根据这一检测结果，我国成功地向外方索赔了300万美元。这是我国第一次成功向进口军用飞机实施索赔，时任中国人民解放军总参谋长的迟浩田特别批示——"维护了国威、军威！"

练习与实践

1. 填空题

（1）轴是机器最重要和最主要的零件，其主要功用：① _____ ；② _____ 。

（2）按承受载荷情况不同，轴可分为_____、_____和_____。

（3）轴与轴承配合的部位称为_____，安装轮毂的部位称为_____。

（4）轴上零件的轴向固定目的是保证轴上零件有确定的_____，防止零件做_____，并能承受一定的_____力。

（5）在下列轴上零件固定方法中，只有轴向固定作用的是_____，只有周向固定作用的是_____，同时有轴向固定和周向固定作用的是_____。

（轴肩　套筒　键连接　花键连接　销钉连接　过盈配合）

（6）需要切制螺纹的轴段应设有_____，其作用是_____。需要磨削的轴段应留有砂轮的_____，其作用是_____。

（7）轴的常用材料主要是_____和_____，其次是_____。

2. 选择题

（1）齿轮和带轮等传递扭矩的轴上零件一般要装在（　　）上。

　　　　A. 心轴　　　　　　　　B. 转轴　　　　　　　C. 传动轴　　　　　D. 曲轴

（2）根据轴的承载情况，（　　　）的轴称为转轴。

　　　　A. 既承受弯矩又承受转矩　　　　　　　　B. 只承受弯矩不承受转矩

　　　　C. 不承受弯矩只承受转矩　　　　　　　　D. 承受较大轴向载荷

（3）在单缸内燃机中，实现活塞的往复直线运动和飞轮转动的转换，采用的是（　　　）。

　　　　A. 直轴　　　　　　　　B. 曲轴　　　　　　　C. 软轴　　　　　　D. 心轴

（4）将轴的结构设计成阶梯轴，主要目的是（　　　）。

　　　　A. 便于轴的加工　　　B. 零件拆装方便　　　C. 提高轴的刚度　　　D. 为了外形美观

（5）轴肩和轴环（　　　）。

　　　　A. 是在阶梯轴截面变化的部位　　　　　　B. 高度可以任意选取

　　　　C. 宽度可以任意选取　　　　　　　　　　D. 定位可靠但不能承受轴向力

（6）轴环的作用是（　　　）。

　　　　A. 作为轴加工时的定位面　　　　　　　　B. 提高轴的强度

　　　　C. 提高轴的刚度　　　　　　　　　　　　D. 使轴上零件获得轴向定位

（7）轴上滚动轴承的定位，轴肩高度应（　　　）。

　　　　A. 大于轴承内圈端面高度　　　　　　　　B. 小于轴承内圈端面高度

　　　　C. 与轴承内圈端面高度相等　　　　　　　D. 越大越好

（8）阶梯轴上有键槽的部分是（　　　）。

　　　　A. 轴颈　　　　　　　　B. 轴头　　　　　　　C. 轴肩　　　　　　D. 轴身

（9）在阶梯轴中部装有一个齿轮，与其他零件间距较大，且工作中承受较大的双向轴向力，对该齿轮应当采用（　　　）方法进行轴向固定。

　　　　A. 轴环与紧定螺钉　　　B. 轴肩和套筒　　　　C. 轴肩和圆螺母

（10）如果一根轴上有几个键槽时，应该（　　　）。

　　　　A. 宽度一致　　　　　　B. 长度一致　　　　　C. 形式一致　　　　D. 在同一直线上

（11）轴肩（轴环）采用圆角过渡，其目的是（　　　）。

　　　　A. 使零件的周向固定比较可靠　　　　　　B. 使零件的轴向固定比较可靠

　　　　C. 使轴的加工方便　　　　　　　　　　　D. 降低应力集中，提高轴的疲劳强度

（12）轴的材料主要采用（　　　）。

　　　　A. 碳钢和铝合金　　　B. 铝合金和球墨铸铁　　　C. 碳钢和合金钢

3. 判断题（对的打 ✓，错的打 ✗）

（1）主要承受转矩作用的轴是心轴。　　　　　　　　　　　　　　　　　　　　（　　　）

（2）曲轴可以将旋转运动转变为往复直线运动。　　　　　　　　　　　　　　　（　　　）

（3）零件轴向固定时，采用圆螺母可承受较大的轴向力，且轴向间隙可调。　　　（　　　）

（4）降低表面粗糙度，减少轴表面的加工刀痕，有利于减少应力集中，提高轴的疲劳强度。（　　　）

4. 实践题

（1）图 1-65 为一阶梯轴装配图，请认真观察分析，完成下列填空。

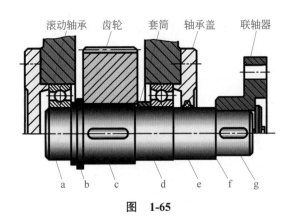

图 1-65

① 填写出表 1-10 中该阶梯轴的结构名称（如轴肩、轴环、轴颈、轴头、轴身等）。

表 1-10

序 号	a	b	c	d	e	f	g
结构名称							

② 图中齿轮轴向固定时，左边靠_____固定，右边靠_____固定；周向用_____固定。

③ 图中联轴器轴向固定时，左边靠_____固定，右边靠_____固定；周向用_____固定。

（2）齿轮轴的装配结构如图 1-66 所示。键安装在轴的键槽中；齿轮键槽对准键装在轴上，并顶住齿轮端面；轴承安装在轴的两端起支承作用。组装该部件需要四个装配环节：①安装轴承；②安装齿轮；③安装套筒；④将键装入轴的键槽中。请根据上述描述，完成下列填空。

图 1-66 齿轮轴的装配结构图

① 齿轮轴的装配流程为_____。（将装配环节的序号按顺序填在横线上。）

② 齿轮的轴向固定采用_____和_____实现，齿轮的周向固定采用_____。

③ 该轴设计成由中间向两端依次减小，其主要目的是便于轴上零件的_____。

④ 从轴所受的载荷性质可知，该轴为_____轴，工作时同时承受_____和_____作用。

（3）如图 1-67 所示的阶梯轴 A 段装有一齿轮，B 段装有两个圆螺母，请回答下列问题：

① 轴段 A 的名称是_____。（轴径、轴头、轴身、轴肩）

②A、B两段间的槽是为车削_____而切制的，称为_____槽，其作用是_____
_____。

③轴上普通平键的型号为_____型。其键宽、键高、键长分别为16mm、10mm、100 mm，则标记为GB/T1096 _____。

④轴上零件齿轮的轴向左边采用_____固定，右边采用圆螺母固定，选用两个圆螺母的目的是_____，两个螺母拧紧时的旋向应_____（相同，不同）。

⑤图中轴段A的左端采用圆弧过渡，其主要的作用是_____。

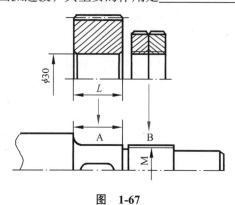

图　1-67

（4）组织学习小组到汽车、摩托车修理铺实习，在师傅指导下，通过拆卸汽车、摩托车发动机或变速箱认识轴的结构及轴上固定方法。

1.6　滑动轴承

？你知道吗

滑动摩擦与滚动摩擦

当一个物体在另一个物体表面上滑动或有滑动趋势时，在两物体接触面上产生阻碍它们之间相对滑动的现象，叫滑动摩擦，如图1-68所示。

一个物体在另一个物体表面滚动时，受到接触面的阻力作用，叫滚动摩擦，如图1-69所示。

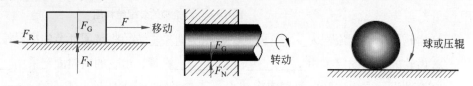

图1-68　滑动摩擦　　　　　图1-69　滚动摩擦

滑动摩擦摩擦因数大，摩擦力大。机械工作时，减小摩擦力的常用方法如下。

1. 加润滑油，减小摩擦

加润滑油，使接触面之间形成一层油膜，接触面不直接接触，运动部件在油膜上滑过，可大大减小摩擦。

2. 用滚动代替滑动，减小摩擦

图1-70所示，交通工具中各种滚动的轮子，都是为了减小摩擦。机器上广泛使用的滚动轴承（图1-71）就是利用滚动来减小摩擦的，它的内、外圈之间有许多光滑的滚珠，当轮子带动外圈转动时，滚珠在内、外圈之间滚动，摩擦可大大减小。

在相同条件下，滚动摩擦比滑动摩擦小得多

真累 很轻松

图 1-70 轮子的滚动摩擦

图 1-71 滚动轴承

轴承是指用来支承轴及轴上零件，其作用是保持轴的旋转精度，减少转轴与支承之间的摩擦和磨损。轴承性能好坏直接影响机器的使用性能。所以，轴承是机器的重要组成部分。

根据摩擦性质不同，轴承可分为承受滑动摩擦的轴承和承受滚动摩擦的轴承，简称滑动轴承和滚动轴承。本节内容着重讨论滑动轴承的有关知识。

滑动轴承的工作特点及应用场合

滑动轴承承载能力大，抗振性能好，工作平稳，噪声较小，工作可靠，但启动摩擦阻力较大，广泛应用于高速、重载、高精度以及结构要求对开的机械中，如机床、内燃机、铁路机车、大型电动机、航空发动机及仪表。此外，在低速、伴有冲击的机械中，如水泥搅拌机、破碎机等也常采用滑动轴承。

按承受载荷方向，滑动轴承可分为受径向载荷的向心轴承（图1-72和图1-73）和承受轴向载荷的推力轴承（图1-74）。由于推力轴承应用较少，故本书只讨论、介绍向心轴承的相关知识。

图 1-72 径向风机滑动轴承

图 1-73 径向剖分式轴承

图 1-74 水电站轴向推力轴承

滑动轴承结构

1. 整体式滑动轴承

整体式滑动轴承（图1-75）的结构由轴承座、轴套（图1-76）组成。轴承座大孔中压入用具有减摩特性材料制成的圆筒形轴套，并用紧定螺钉固定。轴承座顶部设有安装润滑装置的螺纹孔，轴套上开有油孔，并在内表面上开有油槽，以输送润滑油，减小摩擦。滑动轴承磨损后，只要更换新的轴套即可。

整体式滑动轴承结构简单，制造成本低，但轴套磨损后，轴承间隙无法调整；拆装时轴承或轴需要轴向移动，安装检修困难。整体式滑动轴承通常应用于轻载、低速或间歇工作的机械中，如绞车、手动起重机等。

图1-75　整体式滑动轴承

图1-76　整体式滑动轴承的轴套

2. 剖分式滑动轴承

剖分式滑动轴承（图1-77）的结构由轴承座盖、轴承座、上轴瓦、下轴瓦（图1-78）、双头螺柱等组成。轴瓦直接与轴颈相接触。轴承盖上制有螺纹孔，用于安装油杯或油管，并将润滑油经油孔引入轴颈表面。轴承盖与轴承座的结合面呈阶梯形式，以保证两者定位可靠，并防止横向错动。轴承盖与轴承座采用双头螺柱联接（也有用螺栓联接的），并压紧上、下轴瓦。在轴承盖与轴承座之间，一般留有5mm左右的间隙，并在上、下轴瓦的对开处垫入适量的调整垫片，或对轴瓦内表面进行刮削、研磨以进行调整。当轴瓦磨损后，可根据其磨损程度，更换一些调整垫片，使轴颈与轴瓦之间仍能保持符合要求的间隙。剖分式滑动轴承间隙可调整，装拆方便，因此应用广泛，如内燃机、大型电机、航空发动机、球磨机等。

双头螺柱
上轴瓦
轴承盖
下轴瓦
轴承座

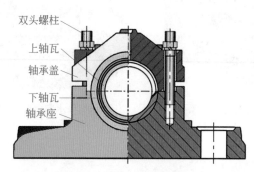
图1-77　剖分式滑动轴承

图1-78　轴瓦

径向滑动轴承还有其他许多类型。如当载荷方向为倾斜时，可将剖分面相应倾斜设计，如图1-79所示；又如将轴瓦外表面和轴承座孔均制成球面，从而适应轴线偏转的调心滑动轴承，如图1-80所示。

图 1-79　斜剖分滑动轴承　　　　　图 1-80　调心滑动轴承

轴瓦的结构与材料

1. 轴瓦的结构

根据轴瓦的制造工艺，轴瓦可分为薄壁轴瓦和厚壁轴瓦。

薄壁轴瓦（图1-81）是将轴承合金浇铸在08钢带上经冲裁、弯曲变形及精加工而成。这种轴瓦适合于大批量生产，质量稳定，成本低，但刚性差，装配后不再修刮内孔，轴瓦受力变形后的形状取决于轴承座的形状，所以轴承座也应精加工。

厚壁轴瓦（图1-82）常由铸造制得。为改善摩擦性能，可在底瓦内表面浇注一层轴承合金（称为轴承衬），厚度为零点几毫米至几毫米。为使轴承衬牢固黏附在底瓦上，可在底瓦内表面预制出燕尾槽。为更好发挥材料的性能，还可在这种双金属轴瓦的轴承衬表面镀上一层铟、银等更软的金属。

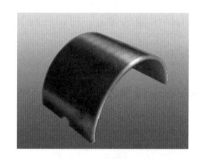

图 1-81　薄壁轴瓦　　　　　　图 1-82　厚壁轴瓦

你知道吗？

滑动轴承的润滑

无论是整体式滑动轴承，还是剖分式滑动轴承，为了降低轴瓦（或轴套）和轴颈表面的摩擦，减轻磨损，必须在滑动轴承内加入润滑剂。由于润滑剂的吸附作用，在轴瓦（或轴套）表面会形成一层厚度为0.1~0.2 μm的极薄油膜，使一部分相对表面被油膜隔开，从而减小滑动摩擦因数。

为了将润滑油引入、分布到轴承的整个工作表面上，轴瓦上加工有油孔，并在内表面上开油槽。常见的油槽形式如图1-83所示。

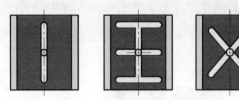

图 1-83　滑动轴承油槽形式

2. 轴瓦（轴套）的材料

（1）轴承合金

轴承合金是制造轴瓦（轴套）最为普遍的材料，常用的轴承合金有锡基轴承合金、铅基轴承合金和铝基轴承合金 3 类。

锡基轴承合金、铅基轴承合金又称巴氏合金，是最广为人知的轴承材料，1839 年由美国金属学家、发明家巴比特发明。因其呈白色，又称白合金。其主要成分是锡、铅、锑、铜，其中锑、铜用于提高合金强度和硬度。巴氏合金的组织特点是，在软基体上均匀分布着硬相质点。具有减摩特性的锡基巴氏合金和铅基巴氏合金是非常适合相对于低硬度轴转动的材料，与其他轴承材料相比，具有更好的适应性和压入性，因此广泛应用于大型船用柴油机、蜗轮机、交流发电机，以及其他矿山机械、大型旋转机械等。

铝基轴承合金是 20 世纪 60 年代发展起来的新型减摩材料。由于铝基轴承合金资源丰富，价格低廉，抗疲劳强度高，导热性好，其抗腐蚀性能不亚于锡基轴承合金，现已基本取代了锡基轴承合金、铅基轴承合金和其他轴承合金，获得了广泛的应用。常用的铝基轴承合金有铝锑镁轴承合金和高锡铝基轴承合金。目前汽车、拖拉机、内燃机上广泛使用高锡铝基轴承合金，低速柴油机的轴承上使用铝锑镁轴承合金。

（2）铸造青铜

青铜的熔点高、硬度高，其承载能力、耐磨性与导热性均高于轴承合金，可以在较高温度（250℃）下工作。但可塑性差，不易跑合，与之配合的轴颈必须淬硬。

青铜可以单独制成轴瓦。为节约有色金属材料，也可将青铜浇注在钢或铸铁底瓦上。常用的铸造青铜主要有铸造锡青铜和铸造铝青铜，一般分别用于中速重载和低速重载场合。

（3）粉末合金

粉末合金采用制粉、定型、烧结等工艺制成。这种轴承合金具有多孔组织，使用前将轴承浸入润滑油，让润滑油充分渗入微孔组织。运转时，轴瓦温度升高，由于油的热膨胀及轴颈旋转时的抽吸作用使油自动进入滑动表面润滑轴承。轴承一次浸油后可以使用较长时间，常用于不便加油的场合。粉末合金轴承在食品机械、纺织机械、洗衣机等家用电器中有广泛应用。

（4）非金属材料

制作轴承的非金属材料主要是塑料。它具有摩擦因数小，耐腐蚀，抗冲击、抗胶合等特点。但导热性差，容易变形，重载时必须充分润滑。大型滑动轴承（如水轮机轴承）可选用酚醛塑料，中小型轴承可选用聚酰胺（尼龙）塑料。

此外，灰铸铁、碳 - 石墨、橡胶等也可以作为轴承材料。

观察与思考

滑动轴承的安装和维护

滑动轴承安装要保证轴颈在轴承孔内转动灵活、准确和平稳。

瓦背与轴承座孔要修刮贴合，轴瓦剖分面要高出0.05~0.1mm，以便压紧。

保证主要油路畅通，油路与油槽接通。

注意清洁，每次修刮后都要清洗、涂油。

轴承使用过程中要经常检查润滑、发热、振动问题，对旧轴瓦要适时更换。

练习与实践

1. 填空题

（1）按轴承工作时摩擦性质不同，轴承可分为_____和_____。

（2）滑动轴承工作时，承受_____摩擦，摩擦阻力_____；滚动轴承工作时，承受_____摩擦，摩擦阻力_____。

（3）轴瓦是滑动轴承的重要组成部分，轴瓦上加工出孔，内表面上开出槽，孔和槽的作用是_____。

（4）薄壁轴瓦是将_____浇铸在08钢带上经冲裁、弯曲变形及精加工而成。常用的轴承合金有_____、_____、_____。

（5）在滑动轴承中，用垫片调整轴承径向间隙的是_____滑动轴承，能自动调整轴线偏角的是_____滑动轴承。

2. 选择题

（1）轴承是用来支承（　　）的。

A. 轴身　　　　　B. 轴头　　　　　C. 轴颈　　　　　D. 轴环

（2）在下列叙述中，（　　）不是滑动轴承的优点。

A. 启动阻力小　　　　　　　　B. 抗冲击、振动能力很强

C. 径向尺寸小　　　　　　　　D. 承载能力高

（3）滑动轴承适用于（　　）的场合。

A. 载荷变动　　　　　　　　　B. 承受较大冲击和振动载荷

C. 载荷较小　　　　　　　　　D. 工作要求不高，转速较低

（4）剖分式滑动轴承的特点是（　　）。

A. 结构简单，制造方便　　　　B. 拆装不便，拆装时必须做轴向移动

C. 能自动调心　　　　　　　　D. 拆装方便，轴瓦与轴的间隙可以调整

（5）绞车和手动起重机上通常采用的轴承是（　　　）。

    A. 整体式滑动轴承　　　　　　　　　　B. 剖分式滑动轴承

    C. 调心式滑动轴承　　　　　　　　　　D. 止推式滑动轴承

（6）轧钢机轧辊采用滑动轴承支承，是利用（　　　）。

    A. 工作转速特别低的特点　　　　　　　B. 能承受极大冲击和振动载荷的特点

    C. 轴向尺寸小的特点　　　　　　　　　D. 运转时摩擦力矩小，起动灵敏的特点

3. 判断题（对的打 ✓，错的打 ✗）

（1）滑动轴承承载能力、抗冲击性能比滚动轴承强。 （　　　）

（2）整体式滑动轴承工作表面磨损后无法调整轴承与轴颈的间隙。 （　　　）

（3）整体式滑动轴承比对开式滑动轴承结构简单，制造成本低，故整体式滑动轴承应用得更广一些。

             （　　　）

（4）与滚动轴承相比，滑动轴承更适用于高速、重载、高精度的场合。 （　　　）

（5）轴瓦上的油沟不能开通是为了避免润滑油从轴瓦端部大量流失。 （　　　）

4. 简述题

（1）滑动轴承有何特点？何种场合选用滑动轴承？哪些材料常用于制造轴瓦（轴套）？

（2）请回答下列关于剖分式滑动轴承的相关问题。

① 剖分面做成阶梯形状的目的是什么？

② 请说明剖分式滑动轴承应用广泛的原因。

③ 轴瓦上开有孔和槽的作用是什么？

④ 轴承的间隙是如何调整的？

1.7　滚动轴承

    滚动轴承是现代机械中重要的部件，它主要用于支撑轴和轴上零件，对整台机器的精度、效率和使用寿命有直接影响。

    滚动轴承在 19 世纪开始工业化生产，至今已有 100 多年的历史，目前全世界一年生产 25 亿只滚动轴承，几乎每一台机器都要使用滚动轴承。

    滚动轴承利用滚动体在轴颈与支承座圈之间的滚动原理制成。因采用滚动摩擦代替滑动摩擦，与滑动轴承相比，滚动轴承具有摩擦阻力小、起动灵敏、工作稳定、效率高、轴向尺寸较小、润滑方便、互换性好等优点。虽然滚动轴承的抗冲击能力较差，高速噪声较大，寿命较低，但滚动轴承能在较广泛的载荷、转速及精度范围内工作，在很多场合逐渐取代了滑动轴承而得到了广泛的应用，如机床、电动机、汽车、电扇等机械设备中都大量使用滚动轴承。

    如今滚动轴承已是标准化、系列化零件，因此了解结构、熟悉标准、正确选用是现代技术工人应具备的能力之一。

机械史话

滚动轴承的发明

中国是世界上最早发明滚动轴承的国家之一。从考古文物与资料看，中国最古老的具有现代滚动轴承结构雏形的轴承，出现于公元前221—207年（秦朝）的今山西省永济县薛家崖村。

1760年，英国钟表匠约翰·哈里逊为制作H3计时器而发明了带有保持架的滚动轴承。

1883年，德国人弗里德里希·费舍尔提出了滚动轴承制造标准，发明了可大批量工业化生产滚动球的设备，并创办了费舍尔股份公司。1909年，乔治·沙费收购了费舍尔股份公司，并开始标准化、工业化生产滚动轴承。

滚动轴承的基本结构

滚动轴承的基本结构由内圈、外圈、滚动体和保持架组成，如图1-84所示。外圈的内表面和内圈的外表面制有凹槽，称为滚道。当内、外圈做相对回转时，滚动体在内、外圈的滚道间既做自转又做公转。滚动体是滚动轴承中形成滚动摩擦的必不可少的零件。保持架的作用是把滚动体均匀地隔开，以避免相邻的两滚动体直接接触而增加磨损。

滚动轴承的内、外圈分别与轴颈和轴承座装配在一起。通常内圈随轴颈一起回转，外圈固定不动，但也有外圈回转、内圈固定不动的应用形式。

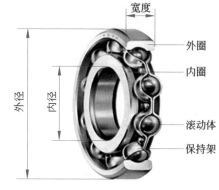

图1-84 滚动轴承基本结构

滚动体是滚动轴承中的关键零件，常用的滚动体有球、圆柱滚子、圆锥滚子、球面滚子、滚针等，如图1-85所示。球与滚道表面的接触为点接触，轴承摩擦小，高速性能好，旋转精度高。轴承滚子与滚道表面的接触为线接触，在外廓尺寸相同的条件下，滚子轴承比球轴承的承载能力强，抗冲击性能好。尤其是球面滚子轴承具有自调心功能，对于轴承座的不对中和轴的变形或歪曲不敏感，适应性强，运行精度较高。

滚动轴承的内、外圈和滚动体采用滚动轴承钢制造，保持架则采用低碳钢制造。

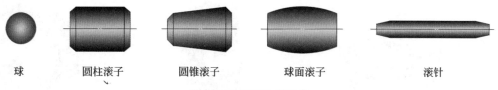

| 球 | 圆柱滚子 | 圆锥滚子 | 球面滚子 | 滚针 |

图1-85 滚动体的种类

滚动轴承的基本类型

滚动轴承按其结构特点的不同有多种分类方法，各类轴承分别适用于不同载荷、转速及特殊需要。

① 按滚动体形式分为球轴承和滚子轴承。球轴承的滚动体为球，球与滚道表面的接触为点接触；滚子轴承的滚动体为滚子，滚子与滚道表面的接触为线接触。在外廓尺寸相同的条件下，滚子轴承比球轴承的承载能力和抗冲击能力大，但球轴承摩擦小，高速性能好。

② 按滚动轴承在工作中能否调心可分为非调心轴承和调心轴承。

③ 按滚动轴承所承受的载荷方向或公称接触角分为向心轴承和推力轴承。向心轴承又可分为径向接触轴承和向心角接触轴承；推力轴承又可分为推力角接触轴承和轴向接触轴承（表 1-11）。

表 1-11　按滚动轴承所承受的载荷方向或公称接触角分类

滚动轴承类型		公称接触角	承 受 载 荷
向心轴承	径向接触轴承	$\alpha=0°$	只能承受径向载荷
	向心角接触轴承	$0° < \alpha < 45°$	主要承受径向载荷，也能承受一定轴向载荷
推力轴承	推力角接触轴承	$45° < \alpha < 90°$	主要承受轴向载荷，也能承受一定径向载荷
	轴向接触轴承	$\alpha=90°$	只能承受轴向载荷

④ 按一个轴承中滚动体的列数可分为单列轴承、双列轴承和多列轴承。

我国的滚动轴承标准中，按轴承所承受的载荷方向、公称接触角及滚动体种类，滚动轴承分为调心球轴承、调心滚子轴承、圆锥滚子轴承、推力球轴承、深沟球轴承、角接触球轴承、推力圆柱滚子轴承、圆柱滚子轴承、滚针轴承九大基本类型（表 1-12），它们的性能及应用见附录 B。

表 1-12　我国滚动轴承基本类型及类型代号

结构图示			
轴承类型	调心球轴承	调心滚子轴承	圆锥滚子轴承
类型代号	1	2	3
结构图示			
轴承类型	推力球轴承	深沟球轴承	角接触球轴承
类型代号	5	6	7

续表

结构图示	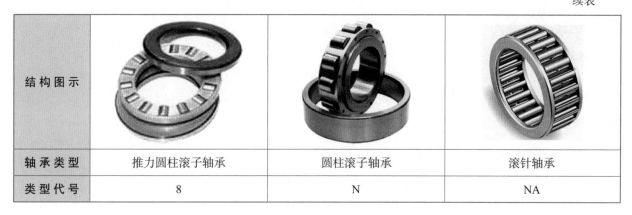		
轴承类型	推力圆柱滚子轴承	圆柱滚子轴承	滚针轴承
类型代号	8	N	NA

滚动轴承的代号表示方法

滚动轴承的代号一般刻印在轴承外圈的端面上，是用来表示轴承的结构、尺寸、公差等级、技术性能等特征的一种符号，由数字和字母组成。按《滚动轴承 代号方法》（GB/T 272—1993）规定，滚动轴承的代号由下列三部分组成：

前置代号   基本代号   后置代号

1. 基本代号

基本代号表示轴承的基本类型、结构和尺寸，是轴承代号的基础。它由轴承类型代号、尺寸系列代号、内径代号构成，用一组数字或字母表示，其排列顺序和代表的意义如下：

×   × ×   × ×
轴承类型代号   尺寸系列代号   内径尺寸代号
宽（高）度系列代号 直径系列代号

① 轴承类型代号：表示轴承的类型，用一位数字或一个至两个字母表示，见表1-13。

② 尺寸系列代号：由两位数字组成，前一位数字表示轴承的宽（高）度系列代号，后一位数字表示直径系列代号。

宽（高）度系列代号：表示内径、外径相同，宽（高）度不同的系列，用一位数字表示。当宽（高）度系列代号为0时可省略。

直径系列代号：表示同一内径、不同外径的系列，用一位数字表示。如0、1表示特轻系列，2表示轻系列，3表示中系列，4表示重系列等。

③ 内径尺寸代号：右起的两位数字，表示轴承内径尺寸代号。对 d 在20~480mm（22、28、32除外）的常用滚动轴承，通常用两位数字表示，其内径尺寸 $d=$ 代号×5。

内径 $d \leqslant 20$mm 滚动轴承，内径代号的表示方法见表1-13。内径为22、28、32以及大于500mm的滚动轴承，内径代号直接用内径毫米数表示，但标注时与系列之间要用"/"分开。例如深沟球轴承62/22的内径 $d=22$mm。

表 1-13　滚动轴承内径代号

内径代号	00	01	02	03	04~96
轴承内径/mm	10	12	15	17	代号×5

例如，基本代号 61708 表示深沟球轴承，宽度系列为 1，直径系列为 7，内径为 40mm。

基本代号 N211 表示圆柱滚子轴承，宽度系列为 0，直径系列为 2，内径为 55mm。

交流与讨论

滚动轴承基本代号由数字或字母组合表示，请问：

①滚动轴承基本代号一般有几位？

②滚动轴承内径尺寸代号有几位？它在什么位置？

③某一型号滚动轴承基本代号全部是数字，共有四位数字，它的哪一代号省略没写？省略的代号数值是多少？

2. 前置代号

前置代号标在基本代号左边，用字母表示成套轴承的某个部件。如 L 表示内圈或外圈可分离轴承，R 表示不带可分离内圈或外圈的轴承，K 表示滚子和保持架组件，KIW 表示无座圈推力轴承。

3. 后置代号

后置代号标在基本代号右边，用字母（或加数字）表示，包含轴承的内部结构、轴承材料、公差等级、游隙等 8 组内容。下面介绍常用的几个代号。

① 内部结构代号：表示内部结构变化。以角接触球轴承的接触角变化为例，如公称接触角 $\alpha=40°$ 时，代号为 B；$\alpha=25°$ 时，代号为 AC；$\alpha=15°$ 时，代号为 C。

② 公差等级代号：公差等级分为 0 级、6 级、6X 级、5 级、4 级、2 级共 6 级。其代号分别用 /P0、/P6、/P6X、/P5、/P4、/P2 表示，精度依次递增。0 级属于标准级，在轴承代号中可省略。

③ 游隙代号：游隙按标准分为 1 组、2 组、0 组、3 组、4 组、5 组共 6 组，其代号分别用 /C、/C2、—、/C3、/C4、/C5 表示，游隙数值依次增大，0 组游隙不表示。

当公差等级代号与游隙代号需要同时表示时，可进行简化。例如 /P52 表示轴承公差等级为 5 级，径向游隙为 2 组。

例如，72211AC 表示角接触球轴承，宽度系列为 2，直径系列为 2，内径为 55mm，接触角为 25°，公差等级为 0 级；

LN308/P6X 表示圆柱滚子轴承，可分离外圈，宽度系列为 0，直径系列为 3，内径为 40mm，公差等级为 6X 级。

交流与讨论

根据所学知识完成如表1-14所示的讨论。

表 1-14　滚动轴承代号的含义

轴承代号	轴承类型名称	类型代号	轴承内径/mm	宽度系列	直径系列	公差等级
32310						
6308/P5						
7324B						
N2315						

滚动轴承的类型选择

滚动轴承的选择包括类型选择、精度选择和尺寸选择。

1. 类型选择

选择滚动轴承类型时，应根据轴承的工作载荷（大小、方向和性质）、转速、轴的刚度及其他要求，结合各类轴承的特点进行。

① 当工作载荷较小，转速较高，旋转精度要求高时宜选用球轴承；载荷较大或有冲击载荷，转速较低时，宜选用滚子轴承。

② 当只承受径向载荷时，应选用向心轴承；当只承受轴向载荷时，应选用推力轴承；同时承受径向及轴向载荷的轴承，如以径向载荷为主时可选用深沟球轴承；径向载荷和轴向载荷均较大时可选用角接触轴承；轴向载荷比径向大很多或要求轴向变形小时，可选用推力轴承和向心轴承组合的支承结构。

③ 跨距较大或难以保证两轴孔的同轴度的轴及多支点轴，宜选用调心轴承。

④ 为便于安装、拆卸和调整轴承游隙，可选用内、外圈可分离的圆锥滚子轴承。

⑤ 从经济角度考虑，一般来说，球轴承比滚子轴承廉价，有特殊结构的轴承比普通结构的轴承贵。

2. 精度选择

同型号的轴承，精度越高，价格也越高，一般机械传动宜选用普通级（/P0）精度。

3. 尺寸选择

根据轴颈直径，初步选择适当的轴承型号，然后根据轴承寿命计算值选择。

滚动轴承的拆装

1. 滚动轴承的安装

滚动轴承采用过盈配合连接，其安装方法对轴承的精度和寿命有很大影响。安装前应认真地对轴颈、轴承座孔和轴承进行检查，做好滚动轴承的清洗和润滑。为了不损伤轴承和轴颈部位，应根据轴承的结构、尺寸大小和轴承部件选择安装方法。

（1）手动安装

当配合过盈量较小时，可用锤击或套筒手动敲击的方法将轴承的内、外圈压入，如图1-86所示。这种方法简便，但导向性不好，易发生歪斜。安装时，在连接表面处应加润滑油，并在工件的锤击部位垫上软金属板。

（2）温差法安装

当配合过盈量较大时，可通过温差法安装，即通过加热或冷却的方法使零件膨胀或缩小进行装配。通常采用的方法有感应器加热（图1-87）或将轴承放入矿物油加热至80~100°C后快速安装，该方法应严格控制油温不超过120°C。

（3）液压安装

当配合过盈量较大时，滚动轴承也可以用液压机械压入。该方法方向可控，压力均匀，但需要专用压力机械。

2. 滚动轴承的拆卸

滚动轴承与轴颈配合较松的小型轴承，可用手锤从背面沿轴承内圈四周将轴承轻轻敲出。滚动轴承与轴颈配合较紧的轴承通常采用压力法拆卸，使用较多的是拉杆拆卸器（俗称拉马），如图1-88所示。

图1-86　轴承手动安装

图1-87　轴承感应器加热装置

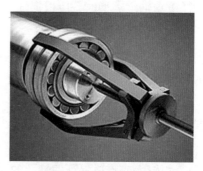
图1-88　轴承拆卸器

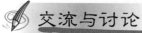
交流与讨论

某工厂机修工在安装过盈量较大的大型滚动轴承时，采用气割火焰（最高温度可达3000°C）加热滚动轴承的方法安装固定，结果发现用该方法安装的滚动轴承工作寿命大大缩短。请用所学的热处理知识分析滚动轴承工作寿命为什么会大大缩短？

活动与探究

以学习小组形式，分别完成下列活动，着重学习和掌握轴承的各种拆卸方法和安装方法。

（1）拆装汽车减速器，分析各根轴分别由何种类型轴承支承；

（2）拆装自行车前后轴，分析各采用何种类型轴承支承；

（3）拆装铣床轴承支承系统，分析各根轴分别由何种类型轴承支承。

滚动轴承的公差与配合

滚动轴承是一种标准件，与滚动轴承内圈配合的轴颈直径选取基孔制中的公差带，并规定了17种公差带，如图1-89（a）所示；与滚动轴承外圈配合的外壳孔孔径选取基轴制中孔的公差带，并规定有16种，如图1-89（b）所示。

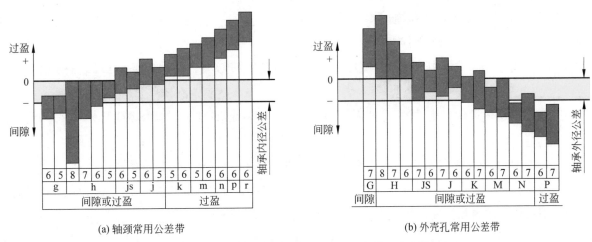

(a) 轴颈常用公差带　　　　　　　　(b) 外壳孔常用公差带

图1-89　滚动轴承与轴径和外壳孔配合常用公差带

需要说明的是，滚动轴承的内圈孔虽然是基准孔，其公差带却在零线以下，而普通圆柱公差标准中的基准孔的公差带在零线以上，因此轴承内圈孔与轴的配合比普通圆柱公差标准中基准孔制的同名配合要紧得多。轴承外圈的基准轴的公差带在零线以下，这样外圈和座孔的配合采用与一般孔轴配合基本相似的配合公差，但轴承内圈上的公差数值与一般孔轴配合的标准公差值不等。

在装配图中，轴承的配合不必注出配合代号，其轴承内孔与轴的配合中标注公差带代号；轴承外径与外壳的配合只标注外壳孔的公差带代号，如图1-89所示。

滚动轴承配合的选择与很多因素有关，主要考虑载荷的类型和大小、工作温度及轴承的旋转精度等。一般来说，转动圈常采用过盈配合，固定圈常规采用间隙配合或过渡配合；转速快、载荷及振动大、旋转精度要求高时，应采用紧一些的配合；要求游隙大的圈套和经常拆卸的轴承，则应采用松一些的配合。具体选择滚动轴承的配合时，可按《滚动轴承　配合》（GB/T 275—2015）选取。

练习与实践

1. 填空题

（1）填写图1-90所示滚动轴承的基本结构。

图 1-90

（2）滚动轴承的滚动体形状有_____、_____、_____等。

（3）代号为 72310 的角接触球轴承，其宽度系列为_____、直径系列为_____，该轴承内径为_____ mm，公差等级为_____级。

（4）内径为 25mm 的深沟球轴承，宽度系列为 1，直径系列为 2，公差等级为 5，该轴承的代号是_____。

（5）滚动轴承内径代号为"03"，其内径为_____ mm；滚动轴承内径代号为"06"，其内径为_____ mm。

（6）滚动轴承的公差等级分为 6 级，其代号为 /P0、/P6、/P6X、/P5、/P4、/P2，精度依次_____（减小、增高）。_____为普通级，在轴承代号中可以省略不标。精度越高，加工越困难，价格越贵。

（7）滚动轴承的内孔与轴采用_____制配合，外圈与箱体孔采用_____制配合。

（8）当安装过盈量较大滚动轴承时，一般采用温差法装配。加热时除采用感应器加热以外，也可将轴承放入_____加热，然后将轴承套入轴颈。该方法的加热温度一般为_____ ℃。

（9）工作载荷较小，转速较快，旋转精度要求高时宜选用_____轴承；载荷较大或有冲击载荷，转速较低时，宜选用_____轴承。

2. 选择题

（1）滚动轴承与滑动轴承相比，其优点是（   ）。

    A. 承受冲击载荷能力较大   B. 高速运转时噪声小

    C. 启动及运转时摩擦阻力小，启动灵敏   D. 径向尺寸小

（2）滚动轴承与滑动轴承比较，在高速运转条件下，滚动轴承的（   ）。

    A. 噪声较大   B. 承受冲击载荷的能力较强   C. 寿命较长

（3）滚动轴承代号由前置代号、基本代号和后置代号组成，其中基本代号表示（   ）。

    A. 轴承的类型、结构和尺寸   B. 轴承组件

    C. 轴承内部结构变化和轴承公差等级   D. 轴承游隙和配置

（4）滚动轴承都有不同的直径系列（如轻、中、重等）。当两个向心轴承代号中仅直径系列不同，这两轴承的区别在于（   ）。

    A. 内、外径都相同，滚动体数目不同   B. 外径相同，内径不同

    C. 内、外径都相同，滚动体大小不同   D. 内径相同，外径不同

（5）代号为 71320、72320、73320 的 3 个角接触球轴承，它们的（   ）不同。

    A. 类型   B. 宽度   C. 内径   D. 外径

（6）617/32 为深沟球轴承代号，其中 32 表示（   ）。

　　　A. 公差等级　　　　　B. 公称接触角 32°　　　C. 内径 160 mm　　　D. 内径 32 mm

（7）以下各滚动轴承中，轴承公差等级最高的是（　　　）。

　　　A. N207/P5　　　　　　B. 6207/P4　　　　　　C. 5207/P6

（8）一深沟球轴承，内径为 100mm，宽度系列为 0，直径系列为 2，公差等级为 0，其轴承代号为（　　　）。

　　　A. 60220　　　　　　B. 6220/P0　　　　　　C. 60220/P0　　　　　　D. 6220

（9）滚动轴承按承受载荷的方向或公称接触角的不同，可分为（　　　）。

　　　A. 向心轴承和推力轴承　　　　　　　　　B. 球轴承和滚子轴承

　　　C. 圆柱滚子轴承和圆锥滚子轴承　　　　　D. 球面滚子轴承和滚针轴承

（10）跨度较大难以保证两轴承孔同轴度时，可选用（　　　）。

　　　A. 深沟球轴承　　　B. 调心球轴承　　　C. 圆柱滚子轴承　　　D. 推力球轴承

（11）在高速、重载并有冲击载荷的条件下，应选用（　　　）

　　　A. 滚子轴承　　　　B. 滚珠轴承　　　　C. 球轴承　　　　D. 滑动轴承

1.8　联轴器和离合器

联轴器

　　联轴器是连接两轴，并传递运动和转矩的装置。用联轴器连接的两根轴，只有在机器停车后，经拆卸才能把它们分离。

　　联轴器根据其结构特点，可分为刚性联轴器和挠性联轴器。联轴器的种类很多，本书仅介绍结构简单的典型联轴器。

1. 刚性联轴器

　　刚性联轴器不能补偿两根轴的轴线偏移（如轴向偏移），用于两根轴之间能严格对中并在工作中不发生相对偏移的场合。

　　（1）凸缘联轴器

　　凸缘联轴器由两个带凸缘的半联轴器和一组螺栓组成，如图 1-91 所示，它是刚性联轴器中应用最广泛的一种。该联轴器结构简单，对中性好，能传递较大的转矩，但不能补偿两轴的偏移，没有缓冲、吸振的作用，适用于两轴对中性严格、刚性大、转速慢、冲击小的场合。图 1-92 为凸缘联轴器实物图。

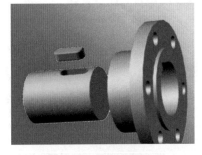

图 1-91　凸缘联轴器

图 1-92　凸缘联轴器实物图

（2）套筒联轴器

套筒联轴器由套筒和连接零件（销钉或键）组成，如图1-93所示。这种联轴器构造简单，径向尺寸小，对中性好，但不能缓冲、吸振，拆装时须做轴向移动，多用于两轴对中严格、低速轻载的场合。当用圆锥销做连接件时，若按过载时圆锥销剪断进行设计，则可用作安全联轴器。

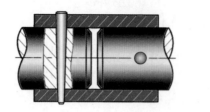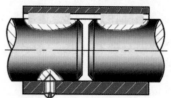

图1-93　套筒联轴器

由于刚性联轴器既不具有补偿联轴器相对偏移的能力，也不具有缓冲减振性能，在工业发达国家中，刚性联轴器已被淘汰。

2. 挠性联轴器

由于制造和安装的误差、受载之后的变形、轴承磨损、工作温度的变化及传动过程中产生的振动等因素的影响，联轴器所联接的两轴的轴线往往不能严格对中，存在一定的相对位移与偏斜，称为偏移。偏移的形式有轴向偏移、径向偏移、角偏移和综合偏移，见表1-15。

表1-15　轴线的偏移形式

轴向偏移	径向偏移	角偏移	综合偏移

挠性联轴器是能补偿两轴相对偏移的联轴器。一般用于两轴有一定限度的轴线偏移场合。挠性联轴器可分为无弹性元件和有弹性元件两类。

（1）滑块联轴器

滑块联轴器由两个带径向槽的半联轴器和一个两面具有相互垂直的凸榫的中间滑块组成，滑块上的凸榫分别和两个半联轴器的凹槽相嵌合，如图1-94所示。图1-95为其实物图。中间滑块在半联轴器的凹槽内滑动时，可以较好补偿两轴的径向位移。该无弹性元件的挠性联轴器结构简单，径向尺寸小，但转动时滑块有较大的离心惯性力，适用两根轴径向偏移较大的低速、冲击小的场合。

图1-94　滑块联轴器结构示意图　　　　图1-95　滑块联轴器实物图

（2）万向联轴器

万向联轴器由两个万向接头及一个十字销以铰链的形式连接而成，属于无弹性元件的挠性联轴器，如图 1-96 所示；图 1-97 为十字销实物图，图 1-98 为万向联轴器实物图。万向联轴器结构紧凑，维护方便，能补偿两轴之间较大的角偏移（角偏移可达 35°~45°），适用于两轴中心线相交成大角度的连接，如汽车、拖拉机、切削机床等机器的传动系统。

图 1-96　万向联轴器结构示意图

图 1-97　万向联轴器的十字销实物图

图 1-98　万向联轴器实物图

（3）齿式联轴器

齿式联轴器由两个带外齿的内套筒和两个带内齿的凸缘外套筒组成。两个外套筒用螺栓连成一体；两个内套筒分别用平键与两根轴进行连接；齿式联轴器利用内、外齿的相互啮合实现两轴之间的连接，如图 1-99 所示。图 1-100 为其实物图。齿式联轴器内、外齿的齿廓均为压力角为 20° 的渐开线，齿数、模数相等，但它们的顶隙和侧隙较大，因而能补偿两轴的综合位移。

齿式联轴器结构紧凑，能传递较大的转矩，主要用于高速、重载，要求综合位移大的场合，如轧钢机、起重机等重型机械。

图 1-99　齿式联轴器结构示意图

图 1-100　齿式联轴器实物图

（4）弹性套柱销联轴器

弹性套柱销联轴器结构与凸缘式联轴器相似，只是用套有弹性套的柱销代替了连接螺纹。它通过将一端套有弹性套（橡胶材料，如图 1-101 所示）的柱销装在两个半联轴器凸缘孔中，实现两个半联轴器的联接，如图 1-102 所示。图 1-103 为其实物图。

由于弹性套工作时受到挤压的变形量不大，且弹性套与销孔的配合间隙不宜过大，因此，弹性套柱销联轴器的缓冲和减震性不高，补偿两轴之间的相对位移量较小，弹性套也易磨损，寿命较低。通常用于冲击载荷小、启动和换向频繁的高、中速轴系。

图 1-101　橡胶弹性套

图 1-102　弹性套柱销联轴器
结构示意图

图 1-103　弹性套柱销联轴器实物图

（5）弹性柱销联轴器

弹性柱销联轴器的结构也与凸缘式联轴器相似，它用弹性柱销代替了连接螺纹，如图 1-104 所示。图 1-105 为搅拌装置弹性柱销联轴器实物图。弹性柱销一般用尼龙制造，为改善柱销与孔的接触条件及补偿性能，弹性柱销的一端制成鼓形。弹性柱销联轴器具有缓冲、减震性能，突出优点是可允许较大的轴向窜动，但由于弹性柱销工作时主要承受剪切力，不能在重载下工作，且尼龙对温度敏感，需要限制使用温度。因而主要用于频繁启动、换向的中低速轴系。

图 1-104　弹性柱销联轴器结构示意图

图 1-105　搅拌装置弹性柱销联轴器实物图

离合器

离合器是在机器运转过程中，两轴可随时进行接合或分离，并传递运动和动力的装置。

根据工作特点，离合器应满足结合、分离方便，迅速可靠，结合时冲击振动小，耐磨性好，并有良好的散热能力等要求。离合器种类很多，下面介绍最基本的两种离合器。

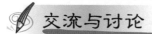

交流与讨论

请根据所学知识完成如表1-16所示的讨论。

表 1-16　联轴器和离合器的作用与区别

	联轴器	离合器
主要作用		
根本区别		

1. 牙嵌式离合器

牙嵌式离合器由两个端面带牙的半离合器组成,牙的形状有矩形（图 1-106）、梯形、锯齿形和三角形。其中一个半离合器固定在主动轴上,另一个通过导向平键与从动轴连接,通过操纵杆移动滑环可使两个半离合器的牙相互嵌合或分离。为了便于两轴对中,在套筒中装有对中环,从动轴可在对中环里滑动。该类离合器结构简单,操作方便,结合或分离迅速平稳。常用于控制机器的运动与停止或改变转向,一般用在低速场合,如机床工作台的左、右进给与停止。如图 1-107 所示为电磁滑环牙嵌式离合器实物图。

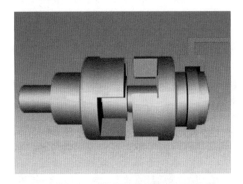

图 1-106 牙嵌式离合器结构示意图

图 1-107 电磁滑环牙嵌式离合器实物图

2. 摩擦式离合器

摩擦式离合器利用接触面间的摩擦力传递转矩。如图 1-108 所示为单片式摩擦离合器结构示意图,主动摩擦盘固定在主动轴上,从动摩擦盘可沿从动轴上的导向平键滑动,操纵移动环实现离合器的结合与分离。

单片式摩擦离合器结构简单,结合平稳,冲击和振动小,但因尺寸较大,需要较大轴向力,传递的转矩也较小。这种离合器广泛应用在汽车离合器上,图 1-109 为汽车用弹簧压紧离合器片。为了提高离合器传递转矩的能力,通常采用多片摩擦式离合器。

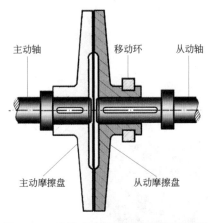

主动轴　移动环　从动轴

主动摩擦盘　从动摩擦盘

图 1-108 单片式摩擦离合器结构示意图

图 1-109 汽车用弹簧压紧离合器片

练习与实践

1. 填空题

（1）联轴器和离合器的功用是用来_____使之一起转动，并传递_____。

（2）联轴器根据其结构特点，可分为_____和_____。

（3）图1-91中轴头与联轴器轮毂采用的是_____联接，除该联接方法以外，还可采用_____、_____等连接方法。

2. 选择题

（1）联轴器与离合器的主要作用是（　　）。

    A. 缓和冲击，减少振动 　　　　　　　　　B. 联接两轴一同转动，并传递转矩

    C. 防止机器发生过载 　　　　　　　　　　D. 补偿两轴的相对移动

（2）两轴的偏角位移达30°时，宜采用（　　）联接。

    A. 凸缘联轴器 　　　　　　　　　　　　　B. 套筒联轴器

    C. 滑块联轴器 　　　　　　　　　　　　　D. 万向联轴器

（3）被连接两轴间对中性要求较高，则应选用（　　）。

    A. 凸缘联轴器 　　　　B. 弹性柱销联轴器 　　　C. 滑块联轴器 　　　　D. 万向联轴器

（4）电动机与减速器之间的连接，为减小振动，常采用的联轴器是（　　）。

    A. 万向联轴器 　　　　B. 凸缘联轴器 　　　　C. 齿式联轴器 　　　　D. 弹性套柱销联轴器

（5）为保护机器的重要零、部件不因过载或冲击而被破坏，应在传动轴上加装（　　）。

    A. 弹性柱销联轴器 　　　B. 万向联轴器 　　　　C. 滑块联轴器 　　　　D. 安全联轴器

3. 简述与实践题

（1）为何用于高转速机器的联轴器，其连接螺栓要经过称重？

（2）图1-110中水泵轴与电动机轴用联轴器连接，两个半联轴器采用螺栓连接，请问：

① 该联轴器是何种联轴器？

② 假如两个半联轴器用弹性柱销连接代替螺栓连接，它是何种联轴器？

③ 假如两个半联轴器用定位销连接代替螺栓连接，它是何种联轴器？

图　1-110

第2章  机 械 传 动

布加迪威龙 16.4 售价为 4300 万元。"16.4" 表示配有 16 个汽缸和 4 个蜗轮增压器,排气量为 8L,它是目前世界上跑得最快的汽车之一,最高速度为 407km/h, 从 0km/h 到 100km/h 的加速时间仅为 2.5s,从 100km/h 到 0km/h 刹车只需 2.3s。

学习要求

- 明确带传动和链传动原理,熟悉其类型、结构、特点和应用。
- 了解渐开线齿轮各部分名称、主要参数,掌握标准直齿圆柱齿轮基本尺寸计算、啮合条件、传动特点及应用,明确斜齿圆柱齿轮和直齿锥齿轮传动特点与应用。
- 了解蜗杆传动的特点、类型和应用,能熟练判定蜗杆传动中蜗轮的旋向。
- 了解轮系的分类,掌握定轴轮系的传动比的计算。
- 了解减速器的类型、结构、标准和应用。

2.1　带传动

知识链接

传 动 方 式

传动装置是机器的基本组成部分，用以传递动力、调节速度和改变运动形式。在现代工业中，主要有机械传动、液压传动、气压传动和电气传动，其中机械传动是最基本的方式，它以摩擦传动和啮合传动来传递动力和运动。

带传动是通过传动带把主动轴的运动和动力传递给从动轴的一种机械传动形式，如图 2-1 所示。当主动轮转动时，通过带和带轮间的摩擦力驱动从动轮转动并传递运动和动力。带传动的特点是：

① 结构简单，装拆方便，适用于中心距较大的场合；

② 具有弹性，能缓冲、吸振，传动平稳，噪声小；

③ 过载时，带在带轮上产生打滑，可防止其他零部件损坏；

④ 带在带轮上有相对滑动，传动比不准确，传动效率较低。

带传动是最古老也是最有弹性的传动方式。然而，当今无论是生产中的精密机械、工程机械、矿山机械、化工机械、运输设备、农业机械，还是生活中的汽车、计算机、收音机、洗衣机、缝纫机，它仍然被广泛使用（图 2-2）。

从动带轮　传动带　主动带轮

图 2-1　带传动

图 2-2　带传动在汽车发动机中的应用

知识链接

传 动 比

带传动的传动比 i 是指主动带轮的转速 n_1 与从动带轮转速 n_2 之比，即

$$i = \frac{n_1}{n_2}$$

式中：n_1、n_2——主、从带轮的转速，r/min。

根据带传动特点，也可推得：

$$i = \frac{n_1}{n_2} = \frac{d_2}{d_1}$$

带传动比也等于主、从动轮基准直径的反比。

交流与讨论

　　传动比是一个很重要的传动指标，请你根据传动比大小判断从动轮速度变化（增速、减速、等速）。

传动比	从动轮速度变化
$i>1$	＿＿＿＿＿
$i=1$	＿＿＿＿＿
$i<1$	＿＿＿＿＿

　　若主动带轮的转速$n_1=1000\text{r/min}$，传动比$i=2$，则从动带轮转速$n_2=$＿＿＿＿＿r/min。

带传动的类型和应用

　　根据横截面形状的不同，传动带分为平带、圆形带、V带、多楔带、同步带等。前四种带传动都属于摩擦型传动，同步带属于啮合型带传动。

1. 平带传动

　　平带由多层橡胶帆布构成,柔软耐磨,其横截面为扁平矩形（图2-3），工作面是与带轮接触的内表面。平带传动的结构简单，传动速度快，传动效率高，主要用于中心距较大的高速度、大功率的动力传递和货物输送。图2-4为大理石切割机中的平带传动，图2-5为平带输送机。

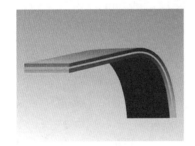

图2-3　平带的结构　　　　图2-4　大理石切割机中的平带传动　　　　图2-5　平带输送机

2. 圆形带传动

　　圆形带的截面形状为圆形（图2-6），其传动能力小，主要用于速度小于15m/s, 功率为0.5~3W的小功率传动，如仪器仪表、缝纫机（图2-7）和牙科医疗器械中。

图2-6　圆形带　　　　　　图2-7　家用缝纫机

3. V带传动

V带是1911年由美国机械专家盖茨发明的，V带传动最早应用于汽车的风扇冷却。V带传动是依靠带的两侧面与带轮轮槽相接触产生摩擦力而工作的（图2-8）。因V带传动结构紧凑，传动能力大（在相同条件下，传动能力为平带的3倍），故在机械传动中应用最广。常用的V带有普通V带、窄V带、宽V带、半宽V带等。

普通V带是没有接头的环形橡胶带，截面形状为等腰梯形，两侧面为工作面，楔角为40°（图2-9）。V带分为帘布芯、绳芯两种结构，如图2-10所示。它由包布层、底胶层、抗拉层和顶胶层组成。帘布结构抗拉强度高，制造方便，适用于一般的场合；而线绳结构比较柔软，抗弯强度高，适用载荷不大，带轮直径较小和转速较高的场合。

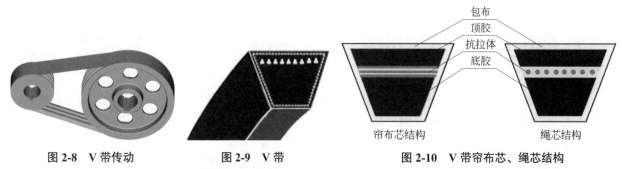

图2-8 V带传动　　　　　图2-9 V带　　　　　图2-10 V带帘布芯、绳芯结构

普通V带已标准化，按截面尺寸由小到大有Y、Z、A、B、C、D、E 7种型号，其尺寸见表2-1，其中E的截面积最大，传递的功率也最大。生产中使用最多的是A、B、C 3种型号。V带标记为"型号＋基准长度＋标准编号"，V带的型号和基准长度都压印在V带的外表面上，以供识别和选用。例如B2500 GB/T 11544—1997表示国标代号为GB/T 11544—1997，基准长度为2500 mm的B型V带。

表2-1 普通V带截面尺寸（摘自GB/T 11544—1997）

型　　号	Y	Z	A	B	C	D	E
顶宽b/mm	6.0	10.0	13.0	17.0	22.0	32.0	38.0
节宽b_p/mm	5.3	8.5	11.0	14.0	19.0	27.0	32.0
高度h/mm	4.0	6.0	8.0	11.0	14.0	19.0	23.0
楔角α/（°）	40						

普通V带是无接头的环形带，当其绕过带轮产生弯曲时，顶胶层受拉伸长，底胶层受压缩短，其中必有一处既不受拉也不受压，周长不变。在V带中，这种保持原长度不变的任一条周线称为节线（图2-11（a）），由全部节线构成的面称为节面（图2-11（b）），节面宽度称为节宽。

在V带轮上，与所配用V带节面处于同一位置的

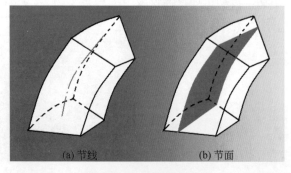

(a) 节线　　　　　(b) 节面

图2-11 V带节线和节面

槽轮廓宽度称为基准宽度 b_d，带轮在此处的直径称为基准直径 d_d。V 带在规定张紧力下，位于测量带轮基准直径上的周长称为基准长度 L_d。基准长度用于带传动的几何尺寸计算。

知识链接

齿形切边V带

齿形切边V带（图2-12）是国外20世纪80年代初在普通V带基础上发展起来的一种新型传动带。其结构如图2-13所示，两侧面（工作面）无包布、压缩胶掺有定向短纤维，强力层线绳采用特殊硬化处理的高强度化学纤维（一般是聚酯纤维），型号规格与普通V带相同。具有传动效率高、传递功率大、寿命长、节能效果明显、传动紧凑、可高速传动等优点。目前已基本上取代了普通汽车V带，主要用在汽车和拖拉机的发动机、风扇、发电机、水泵、压缩机等传动功率大、传动空间小、工作温度较高的环境下。

图 2-12　齿形切边 V 带

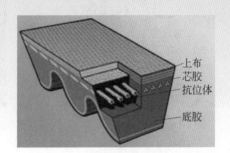

上布
芯胶
抗位体
底胶

图 2-13　齿形切边 V 带结构

4. 多楔带传动

多楔带是在 V 带和平带基础上发明的新型传动带。它由 3 部分组成：顶层纤维、张力线、底层橡胶，内表面排布有等间距纵向 40° 梯形楔的环形橡胶带，其工作面为楔的侧面。它同时兼有 V 带和平带两者的优点，既有平带的带体薄、柔软、强韧的特点，又有 V 带紧凑、高效等优点。目前，新型的切边多楔带已研制成功，并广泛应用在汽车传动中。根据传动方式多楔带分为单面多楔带（图 2-14）和双面多楔带（图 2-15）。

多楔带结构紧凑（在相同的传动功率情况下，传递装置所占空间比普通 V 带小 25%），摩擦力大，传动功率大（比普通 V 带的传动功率高 30%），柔性好，振动小，传动平稳，耐磨、耐热、耐油，使用伸长小，寿命长。

多楔带适用于传递功率较大且结构紧凑的高速传动，如发动机、电动机、空气压缩机等动力设备传动。

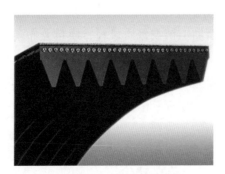

图 2-14　单面多楔带

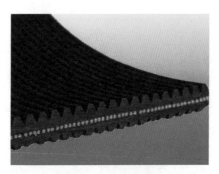

图 2-15　双面多楔带

5. 同步带传动

同步带以钢丝绳为抗拉层，外面包覆氯丁橡胶而制成，纵截面为齿形，如图2-16所示。同步带传动属于啮合型带传动，工作时靠带齿与轮齿啮合传动，如图2-17所示。

同步带传动除保持了摩擦传动的优点外，还具有带与带轮无相对滑动，传动比准确，传递功率大，传动效率高等优点。其缺点是成本较高，对制造和安装精度要求较高。

由于同步带传动节能、无润滑油污染、噪声小，因而不断取代传统齿轮传动、链传动和摩擦型带传动，广泛用于要求传动比准确的精密传动，如数控机床、纺织机械、食品机械、电影放映机、录像机、传真机、打印机，以及汽车、摩托车发动机的传动。

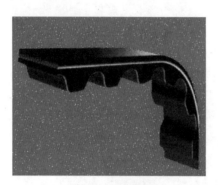
图 2-16　同步带

图 2-17　同步带传动

知识链接

人字齿同步带

20世纪90年代，美国古特异公司发明的人字齿同步带（图2-18），让古老的带传动大放异彩，开创了新的里程碑。人字齿同步带最突出的性能是大大降低了噪声，可降低为26~10dB（分贝），使用寿命提高了120%，传动能力大幅度提高。

图 2-18　人字齿同步带

带轮结构和材料

带轮是带传动中的重要零件，它要求强度足够，表面加工精细，质量轻，质量分布均匀，安装对中性好，旋转稳定。

带轮的结构由带轮的直径决定。$d_d \leq (1.5 \sim 3)d_0$（d_d为带轮直径，d_0为轴的直径），可制成实心式，如图2-19所示；$d_d \leq 300mm$，可制成腹板式，如图2-20所示；$d_d \leq 400mm$，可制成轮辐式，如图2-21所示。

图 2-19　实心式带轮

图 2-20　腹板式带轮

图 2-21　轮辐式带轮

　　带轮常用的材料是灰铸铁。当速度小于 25m/s 时，通常用 HT150 的灰铸铁；当速度为 25~30m/s 时，常用 HT200 的灰铸铁。高速带轮可采用铸钢或钢板焊接而成，小功率时也可采用铸铝或工程塑料。

带传动的安装、张紧与防护

1. 带传动的张紧

　　传动带工作一段时间后就会由于塑性变形而松弛，使初拉力减小，传动能力下降，这时必须要重新张紧，以保证带传动正常工作。

　　常用的张紧方法可分为调节中心距方式和张紧轮方式。

　　（1）调节中心距方式

　　定期张紧：定期调整中心距以恢复张紧力。常见的有滑道式（图 2-22）和摆架式（图 2-23）两种，一般通过调节螺钉调节中心距。滑道式适用于水平传动或倾斜不大的传动场合。

　　自动张紧：自动张紧将装有带轮的电动机安装在浮动的摆架上，利用电动机的自重张紧传动带，通过载荷的大小自动调节张紧力，如图 2-24 所示。

图 2-22　滑道式张紧装置

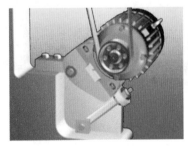
图 2-23　摆架式张紧装置

图 2-24　自动张紧装置

知识链接

带传动的紧边与松边

　　传动带在运行前张紧在带轮上，带轮两侧均受到初拉力 F_0，如图2-25(a)所示。带传动运行时，主动带轮以转速 n_1 转动，由于初拉力的存在，使传动带与接触表面之间产生摩擦力，导致带轮两侧边的受力情况发生了变化：进入主动轮一边的带被拉得更紧，称为紧边。紧边的拉力由F_0增加到F_1。离开主动轮一边的带被放松，称为松边。松边的拉力由F_0减至F_2，如图2-25(b)所示。

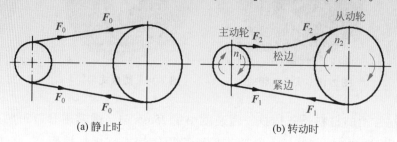

(a) 静止时　　　　　　　　(b) 转动时

图 2-25　带传动的紧边与松边

（2）张紧轮方式

若带传动的中心距不可调整时，可采用张紧轮装置。由于平带结构与V带结构不同，其张紧方式也不同。

平带传动：张紧轮设置在松边的外侧，且靠近小带轮处，以增加小轮的包角，提高带的传动能力，如图2-26所示。

V带传动：张紧轮设置在松边的内侧（使V带只受单方向弯曲），且靠近大带轮处，以防止小带轮包角减小，如图2-27所示。

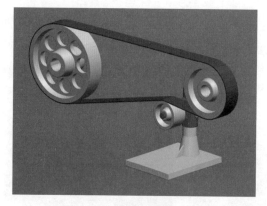

图 2-26　平带张紧轮装置

图 2-27　V带张紧轮装置

2. 带传动的安装

下面以带传动中应用最广泛的V带安装来说明。

① 安装带轮时，各带轮的轴线必须保持规定的平行度，如图2-28所示。

② 按设计要求选取V带型号、基准长度和根数，不同厂家生产的V带和新旧V带不能同组使用，否则各带受力不均匀。

③ 安装时保证V带截面在轮槽中的正确位置——V带顶面和带轮轮槽顶面平齐（图2-29），使V带与轮槽的工作面充分接触。

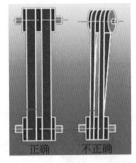

图 2-28 两带轮的相对位置

图 2-29 V 带在轮槽中的位置

④ 应通过调整中心距的方法来装带和张紧。切忌硬将 V 带从带轮上拔上或扳下，严禁用撬棍等工具将 V 带撬入或撬出带轮。

⑤ 应按规定的初拉力张紧 V 带。对中等中心距的 V 带传动，也可凭经验张紧，带的张紧程度以大拇指能按下 10~15mm 为宜，如图 2-30 所示。

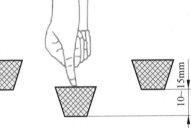

3. 带传动的维护

① 带传动装置应另设防护罩，以保证安全，防止带与酸、碱或油接触而腐蚀传动带。

图 2-30 V 带张紧程度

② 带传动不需要润滑，禁止往带上加润滑油，应及时清理带轮内及传动带上的油污。

③ 应定期检查，如有一根松弛，则应全部更换新带。

④ 带传动的工作温度不应超过 60℃。

活动与探究

台式钻床是依靠 V 带传递运动和动力的。请你准备旋具和锤子，在老师的指导下，拆开台钻的传动带防护罩，认识台钻构造，完成以下实践内容。

1. 台钻速度调节

电动机直接带动的主轴塔轮为_____轮（主动、从动），由主轴所带动的塔轮为_____轮。台钻转速分_____级。

由高速往低速调整，应使主动轮的直径_____（变小、变大），从动轮的直径_____。

由低速往高速调整，应使主动轮的直径_____，从动轮的直径_____。

2. V 带张紧

台钻是通过调节两带轮的中心距来张紧的，实际操作中是通过_____一侧的调节螺钉，达到张紧目的。

带的张紧程度以大拇指能按下_____mm 为宜。

练习与实践

1. 填空题

（1）写出表 2-2 中各种带的名称。

表 2-2

传动带图形					
传动带名称					

（2）摩擦型带传动的工作原理是：当主动轮回转时，依靠带与带接触面间产生_____带动从动轮转动，从而传递_____和_____的。

（3）我国生产和使用的 V 带有_____7 种，其中_____型的截面积最大，生产中使用最多的是_____3 种型号。

（4）压印在 V 带表面的"A1800"，A 表示_____，1800 表示_____。

（5）V 带传动过载时，传动带会在带轮上_____，可以防止_____，起_____。

（6）普通 V 带是没有接头的环形橡胶带，其工作面是与轮槽接触的_____，带与轮槽底面_____。

（7）平带、圆带、V 带、多楔带传动属于_____传动（摩擦、啮合），传动比_____；同步带传动属于_____传动，传动比_____。

（8）V 带传动常见的张紧方法有_____和_____。

2. 选择题

（1）机床传动系统中，高速级采用带传动的目的是（　　）。

    A. 能获得准确的传动比　　　　　　　　B. 传动平稳、无噪声

    C. 过载能力强　　　　　　　　　　　　D. 承载能力大

（2）V 带传动和平带传动相比较，其主要优点是（　　）。

    A. 在传递相同功率时，尺寸较小　　　　B. 传递动力大

    C. 带的寿命长　　　　　　　　　　　　D. 带的价格便宜

（3）V 带的线绳结构，其线绳在带的（　　）中。

    A. 顶胶　　　　　　B. 抗拉体　　　　　　C. 底胶　　　　　　D. 包布

（4）V 带具有一定的厚度，为了制造和测量的方便，常以其（　　）作为基准长度。

    A. 节面周长　　　　B. 内周长　　　　　　C. 外周长

（5）图 2-31 分别表示 V 带在轮槽中的位置，正确的是（　　）。

A　　　　　　B　　　　　　C

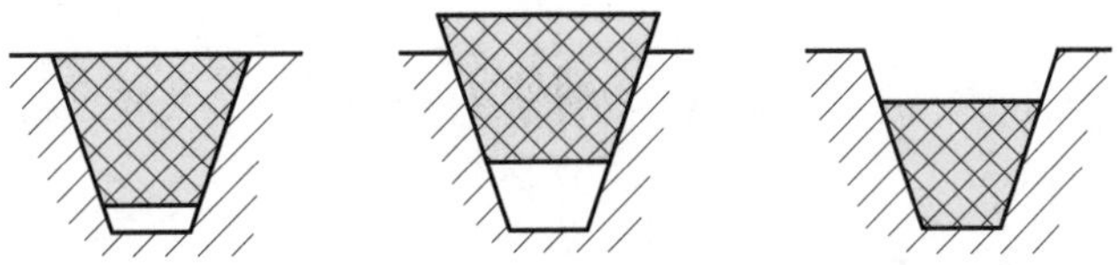

图 2-31

（6）某机床的 V 带传动中共有 4 根 V 带，工作较长时间后，有一根失效，这时应（　　）。

A. 更换失效的那根 V 带　　　　　　B. 更换 2 根

C. 更换 3 根　　　　　　D. 全部更换

（7）线绳结构的 V 带适用于（　　）。

A. 低速、重载、带轮直径较小的场合　　　　　　B. 低速、重载、带轮直径较大的场合

C. 高速、轻载、带轮直径较小的场合　　　　　　D. 高速、轻载、带轮直径较大的场合

（8）数控机床的进给系统传动中，为了获得较为准确的传动比，应选择（　　）传动。

A. 平带　　　　　　B. V 带　　　　　　C. 圆带　　　　　　D. 同步带

（9）在图 2-32 中，属于孔板式带轮的是（　　）。

A　　　　　　B　　　　　　C

图 2-32

（10）主动轮上的带轮直径较小，所以一般应选用（　　）。

A. 实心式　　　　　　B. 腹板式　　　　　　C. 轮辐式

（11）V 带传动采用张紧轮的目的是（　　）。

A. 减轻带的弹性滑动　　　　　　B. 提高带的寿命

C. 改变带的运动方向　　　　　　D. 调节带的初拉力

（12）普通 V 带张紧时，张紧轮放置的位置是（　　）。

A. 松边的外侧，靠近大带轮处　　　　　　B. 松边的外侧，靠近小带轮处

C. 松边的内侧，靠近大带轮处　　　　　　D. 紧边的内侧，靠近小带轮处

3. 判断题（对的打 ✓，错的打 ✗）

（1）V 带的截面形状为三角形，夹角为 40°。　　　　　　（　　）

（2）安装 V 带时，应保证带轮轮槽的两侧面及槽底面与带接触。　　　　　　（　　）

（3）线绳结构比较柔软，适用带轮直径较小的场合。　　　　　　（　　）

（4）普通 V 带张紧程度以大拇指能按下 10~15mm 为宜。　　　　　　（　　）

（5）带传动时，为防止油滴入和伤人，必须设置安全防护罩。　　　　　　（　　）

4. 计算题

已知某平带传动，主动轮直径 D_1=100mm，转速 n_1=1500r/min，要求从动轮转速 n_2=500r/min，试求传动比 i 和从动轮直径 D_2 的大小。

5. 简述题

图 2-33 为 V 带的张紧装置，带轮安装在电动机输出轴的端部，请回答下列问题。

（1）该 V 带传动的张紧采用了哪种方法？此种方法适用于何种场合？

（2）此装置中对 V 带起张紧作用的是哪个零件？若采用张紧轮进行张紧，张紧轮应安装在何处？

（3）带轮属于何种结构形式？

（4）电动机输出轴与带轮轮毂之间采用何种平键实现周向固定，该键的工作面在何处？

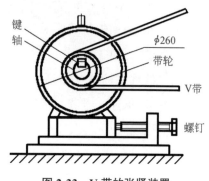

图 2-33　V 带的张紧装置

2.2　链传动

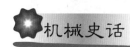

链传动的发明

中国古代在链传动的发明方面曾达到很高的水平，使用链传动历史悠久。东汉时期发明的灌溉用的龙骨水车（图2-34）是链传动的典型实例。北宋时期研制的浑天仪将枢轴的转动用铁制链条经过两个小链轮准确传递到该天文仪器的其他部分。

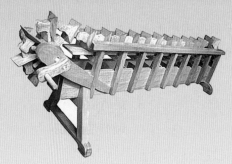

图 2-34　仿制的龙骨水车

近代链条基本结构的设想是由欧洲文艺复兴时期伟大的科学家和艺术家莱昂纳多·达·芬奇首先提出的，1832年法国的伽尔发明了销轴链，1864年英国杰姆斯·司莱泰发明了无套筒滚子链。由于这些链条结构不够合理，使用寿命短，于是英国的汉斯·雷诺在1880年改进设计了如今广泛流行的套筒滚子链。1874年世界上出现第一辆自行车以来，链传动应用日趋广泛。

为了使链条有更高的疲劳强度并能够在更高的速度下工作，汉斯·雷诺于1885年又发明了齿形链。20世纪40年代末，美国摩斯链条公司将齿形链的铰链结构由传统的滑动摩擦副改进为滚动摩擦副，并进一步发展成具有变节距性能的滚销式齿形链，使链传动的承载能力和工作速度提高到新的水平。今天，链传动已经应用在摆动机构、扣紧机构、变速机构、传送带等很多机械机构中，例如人们最熟悉的坦克履带也是根据链传动的原理设计制造的。

链传动是由装在平行轴上的主、从动链轮和绕在链轮上的环形链条组成的，依靠链与链轮的啮合传动来传递运动和动力，如图 2-35 所示。链传动是具有中间挠性件（链条）的啮合传动，用于两轴平行，中心距较远，传递功率较大，不宜采用带传动和齿轮传动的场合，在石油、化工、农业、采矿、起重、运输（图 2-36）、纺织及机床、汽车、摩托车、自行车等领域中得到了广泛应用。

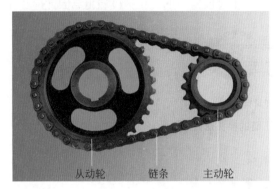

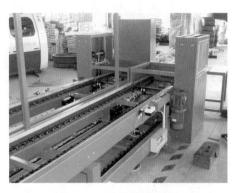

图 2-35　链传动　　　　　　　　　　　　图 2-36　链传动输送线

与带传动相比，链传动无弹性滑动和打滑现象，因而能保持准确的平均传动比；传动效率较高；链条不需要像带那样张得很紧，所以作用于轴上的压力小；在相同条件下，链传动较为紧凑；可在温度较高，湿度较大，有油污、腐蚀等恶劣条件下工作。缺点是工作中有一定的动载荷和冲击，传动平稳性差；易磨损，使链条节距变大，从而造成链条易脱链。

传动链按结构分为套筒滚子链和齿形链两种。

套筒滚子链

图 2-37 为套筒滚子链，其结构由滚子、套筒、销轴、内链板、外链板组成（图 2-38）。内链板与套筒、外链板与销轴分别用过盈配合固定，而滚子与套筒、套筒与销轴均为间隙配合，这样链条与链轮啮合传动时，滚子和链轮之间为滚动摩擦，因而磨损较小。其特点是重量轻，转动灵活，易伸长，但有冲击噪声。套筒滚子链广泛应用于中低速机械传动中。

链板一般制成"8"字形，以使它的各个横截面具有相等的强度，同时也减轻链条的重量。

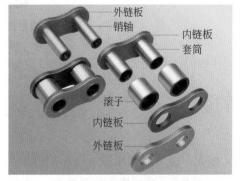

图 2-37　套筒滚子链　　　　　　　　　　图 2-38　套筒滚子链的结构

当传递较大功率时，可采用双排链或多排链。但多排链的排数较多时，各排受载不易均匀，因此实际应用中排数不超过 4。

链条在使用时封闭为环形，接头形式有开口销、弹簧锁片、过渡链节等。其中开口销用于大节距偶数链节的联接，如图 2-39（a）所示；弹簧锁片用于小节距偶数链节的联接，如图 2-39（b）所示；过渡链节用于奇数链节的联接，如图 2-39（c）所示。由于过渡链节的抗拉强度较低，因此应尽量不采用。

  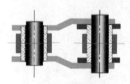

(a) 开口销　　　　　　　　(b) 弹簧锁片　　　　　　　　(c) 过渡链节

图 2-39　滚子链的接头形式

拓展视野

无链条自行车

传统自行车是采用链条驱动的，近年来，机械专家颠覆了这一传动方法，设计制造出无链条自行车，图2-40为前驱动无链条自行车，图2-41为后驱动无链条自行车。

无链条自行车采用圆锥齿轮传动，驱动器采用行星轮传动，使自行车的行驶速度及传动的可靠性都得到了很大的提高。

与链条自行车相比前驱动无链条自行车具有如下优点。

① 省力　在运行中阻力减少，骑行轻快，比链条自行车省力22%。

② 耐用　骑行12 000km无须大修，使用寿命长，是链条自行车的3.6倍。

③ 安全　在骑行中安全可靠性是链条自行车的9倍。

④ 结构简单　无大牙盘、链罩等大型部件，修理方便。

图 2-40　前驱动无链条自行车　　　　　图 2-41　后驱动无链条自行车

齿形链

齿形链又称无声链，是利用特定齿形的链板与链轮相啮合来实现传动的（图 2-42）。它由一组链齿板铰接而成（图 2-43），其结构由齿形链板、导板、套筒、销轴等组成。齿形链设有导板，以防止链条轴向窜动。与套筒滚子链相比，传动平稳无噪声，承受冲击性能强，工作可靠，传递效率高，但结构复杂，装拆困难，易磨损，成本高。齿形链主要用于速度稍高、传动比大、中心距较大的场合。

图2-42 齿形链传动

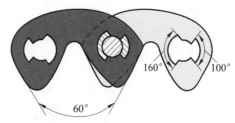

图2-43 链齿板结构

 ## 链传动的传动比计算

链传动的传动比 i 就是主动链轮的转速 n_1 与从动带链轮转速 n_2 之比，即

$$i = \frac{n_1}{n_2}$$

式中：n_1、n_2——主、从带轮的转速，r/min。

假设主动链轮的齿数为 z_1，从动链轮的齿数为 z_2，则当主动链轮转过一个齿时，链条也转过一个链节，从动链轮也被带动转过一个齿，在相同的时间内主动链轮和从动链轮转过的齿数是相等的，即 $z_1 n_1 = z_2 n_2$，所以

$$i = \frac{n_1}{n_2} = \frac{z_2}{z_1}$$

上式说明：链传动的传动比也等于两链轮齿数 z_1 和 z_2 的反比。

例 某品牌变速自行车的前链轮齿数为46齿，后链轮齿数为18齿，如果前链轮的转速为60r/min，车轮的直径为66cm，则自行车每分钟可骑行多少米？假设将后轮的齿数变为21齿，则自行车每分钟又可骑行多少米？两者相比较，变速后的自行车省力吗？

解：① 变速前自行车的速度

$$i = \frac{n_1}{n_2} = \frac{z_2}{z_1}$$

$$n_2 = \frac{z_1}{z_2} n_1 = \frac{46}{18} \times 60 = 153.33 \, (\text{r/min})$$

② 变速前每分钟骑行的距离

$$S = \pi d n = 3.14 \times 0.66 \times 153.33 = 317.76 \, (\text{m})$$

③ 变速后每分钟骑行的距离

$$n_2 = \frac{z_1}{z_2} n_1 = \frac{46}{21} \times 60 = 131.43 \, (\text{r/min})$$

$$S = \pi d n = 3.14 \times 0.66 \times 131.43 = 272.38 \, (\text{m})$$

相比之下，变速后自行车省力，但速度慢。

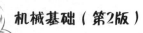

练习与实践

1. 填空题

（1）写出表 2-3 中的链条名称。

表 2-3

链条图形		
链条名称		

（2）链传动由_____、_____和_____组成，通过链轮轮齿与链条的_____来传递运动和动力。

（3）套筒滚子链中套筒与内链板之间采用的是_____固定，而套筒与滚子之间则采用_____。

（4）齿形链又称_____链，它既适宜于_____速传动，又适宜于传动_____和中心距_____的场合。

（5）链传动工作时磨损较快，磨损后链条节距会_____，甚至于造成_____现象。

2. 选择题

（1）套筒滚子链传动中，滚子的作用是（　　　）。

    A. 缓和冲击　　　　　　　　　　　　B. 减小套筒与轮齿间的磨损

    C. 提高链条的强度　　　　　　　　　D. 保证链条与轮齿间良好啮合

（2）套筒滚子链，链板一般制造成"8"字形，其目的是（　　　）。

    A. 使链片美观

    B. 使链片各横截面抗拉强度相等，减轻链片质量

    C. 使其转动灵活

    D. 使链片减小摩擦

（3）套筒滚子链中，组成零件间为过盈配合的是（　　　）。

    A. 销轴与外链板　　　B. 销轴与套筒　　　C. 套筒与滚子　　　D. 都是过盈配合

（4）链传动与带传动相比较，它的主要优点是（　　　）。

    A. 工作平稳且无噪声　　　　　　　　B. 制造费用低

    C. 平均传动比准确　　　　　　　　　D. 使用寿命长

（5）长期使用的自行车链条易发生脱链现象，下列解释你认为正确的是（　　　）。

    A. 是由于链传动的打滑现象引起的　　B. 是由于链传动弹性滑动引起的

    C. 链条磨损后，链条节距变大的缘故　D. 是由于用力过猛引起的

（6）链条节数为偶数，链节距较小时，链的接头形式为（　　）。

    A. 开口销　　　　　　　　B. 弹簧锁片　　　　　　　　C. 过渡链节　　　　　　　　D. 都可以

3. 判断题（对的打 ✓，错的打 ✗）

（1）与带传动相比，链传动的传动效率较高。　　　　　　　　　　　　　　　　（　　）

（2）链传动可在高速、重载、高温条件下及潮湿等不良环境中工作。　　　　　（　　）

（3）使用套筒滚子链时，为了避免使用过渡链节，节数应选奇数。　　　　　　（　　）

（4）齿形链不易磨损，传动平稳，传动速度高，噪声小。　　　　　　　　　　（　　）

（5）齿形链主要用于高速或运动精度要求较高的传动装置中。　　　　　　　　（　　）

4. 简述题

长久使用的自行车经常脱链，主要是由什么原因造成的？可采用哪些方法来解决？

5. 计算题

有一链传动，已知两链轮齿数分别为 $z_1=20$，$z_2=40$，求其传动比 i_{12}。若主动轮转速 $n_1=900\text{r/min}$，求其从动轮转速。

2.3　螺旋传动

螺旋传动是由螺杆和旋合螺母组成的一种机械传动。它主要用于将回转运动转变为直线运动。

螺旋传动机构具有结构简单，制造方便，运动准确性高，有很大的减速比，工作平稳，无噪声，可以传递很大的轴向力，能实现自锁要求等优点，广泛应用于各种机械产品上，如仪器仪表、工装夹具、测量工具等。但由于螺旋副为面接触，且接触面间的相对滑动较大，故运动副表面摩擦、磨损较大，传动效率较低（一般低于50%）。然而，滚动螺旋和静压螺旋的应用使磨损和效率得到了理想的改善，所以螺旋传动在机床、起重机械、锻压设备等方面也得到了广泛的应用。图2-44为17世纪西方国家用来制硬币的螺旋压力机，图2-45为大型数控机床中的螺旋传动。

常用螺旋传动有普通螺旋传动和滚珠螺旋传动。

图2-44　17世纪西方国家用来制硬币的螺
旋压力机

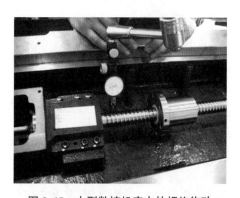

图2-45　大型数控机床中的螺旋传动

普通螺旋传动

普通螺旋传动是由螺杆和螺母组成的单个螺旋副。普通螺旋传动的应用形式有如下几种。

1. 螺母固定，螺杆回转并做直线移动

图 2-46 为螺母固定，螺杆回转并做直线移动的台虎钳传动示意图。螺杆的运动以螺母为支承引导，不需要轴承和导轨。在移动距离较长的情况下，这种运动形式占用的空间较大。

螺母固定，螺杆回转并做直线移动的形式结构简单，应用广泛，如螺旋压力机（图 2-47）、千分尺（图 2-48）等。

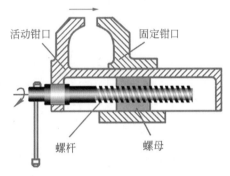

图 2-46　台虎钳传动示意图

图 2-47　螺旋压力机

图 2-48　千分尺实物图

2. 螺杆固定，螺母回转并做直线移动

图 2-49 为螺旋千斤顶的一种结构形式。螺杆安置在底座上静止不动，转动手柄使螺母转动，螺母会上升或下降，托盘上的重物相应被举起或放下。这种形式操作不方便，既不利于产生较大轴向力，也不利于产生较高的运动精度。

螺杆固定，螺母回转并做直线移动的形式结构简单，占用空间小，常用于手动螺旋千斤顶、钻床高度调整机构（图 2-50）、显微镜高度调整机构等。

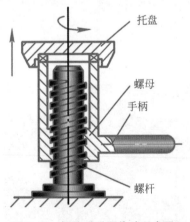

图 2-49　螺旋千斤顶传动示意图

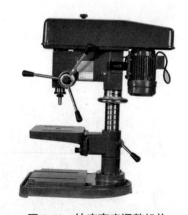

图 2-50　钻床高度调整机构

3. 螺杆原位回转，螺母做直线移动

图 2-51 为螺杆原位回转，螺母做直线移动的机床工作台移动机构。螺杆与机架组成转动副，螺母

与螺杆以右旋螺纹啮合并与工作台连接。当转动手柄使螺杆按图示方向回转时，螺母带动工作台沿机架的导轨向左做直线移动。这种运动形式的螺杆需要设置轴承，引导螺杆做旋转运动，限制螺杆的直线运动自由度。螺母与机架之间需要设置导轨，引导螺母做直线运动。

螺杆原位回转，螺母做直线移动的形式占用空间较小，常用在需要移动距离较长的场合，如机床的滑板移动机构、小型桌虎钳（图2-52）和活动扳手（图2-53）等。

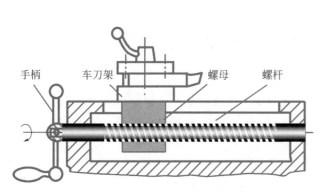

图 2-51 机床工作台移动机构图

手柄　车刀架　螺母　螺杆

图 2-52 小型桌虎钳

图 2-53 活动扳手

4. 螺母原位回转，螺杆作直线移动

图2-54为应力试验机上的观察镜螺旋调整装置。螺杆、螺母为左旋螺旋副，螺母做旋转运动，螺杆做直线移动。当螺母按图示方向回转时，螺杆带动观察镜向上移动。

螺母原位回转，螺杆做直线运动时，螺母的转动需要支承，并需要限制移动自由度。螺杆的移动需要导轨，整体结构较为复杂。常见的如水工用管子钳（图2-55）。

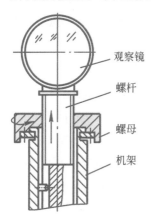

观察镜

螺杆

螺母

机架

图 2-54 观察镜螺旋调整装置

图 2-55 管子钳

知识链接

普通螺旋传动直线移动方向判定和直线移动距离计算

一、普通螺旋传动直线移动方向判定

普通螺旋传动时，从动件直线移动方向不仅与主动件的回转方向有关，还与螺纹的旋向有关，其判定方法如表2-4所示。

表2-4　普通螺旋传动直线移动方向判定

普通螺旋传动类型		直线移动方向
一个固定不动，另一个既转动又直线移动	螺母固定，螺杆回转并作直线移动	螺旋线左旋伸左手，右旋伸右手，手握空拳，四指指向与螺杆（或螺母）回转方向相同，大拇指竖直，则移动方向与大拇指指向相同
	螺杆固定，螺母回转并作直线移动	
一个转动，另一个直线移动	螺杆原位回转，螺母作直线移动	螺旋线左旋伸左手，右旋伸右手，手握空拳，四指指向与螺杆（或螺母）回转方向相同，大拇指竖直，则移动方向与大拇指指向相反
	螺母原位回转，螺杆作直线移动	

二、普通螺旋传动直线移动距离计算

在普通螺旋传动中，螺杆（或螺母）的移动距离与螺纹的导程有关。螺杆相对于螺母每回转一周，螺杆（或螺母）移动一个导程的距离。因此，移动距离等于回转圈数与导程的乘积，即

$$L=NP_h$$

式中：L——螺杆（或螺母）的移动距离，mm；

$\quad\quad N$——回转圈数；

$\quad\quad P_h$——螺纹导程。

滚珠螺旋传动

在普通的螺旋传动中，由于螺杆与螺母的牙侧表面之间的相对运动摩擦是滑动摩擦，传动阻力大，摩擦损失严重，效率低。为了改善螺旋传动的功能，1874年美国机械专家在螺杆和螺母之间增加滚动体（一般均为滚珠），将原来接触表面间的滑动摩擦变为滚动摩擦，传动效果非常理想，也因此发明了滚珠螺旋传动机构，如图2-56所示。

滚珠螺旋传动主要由滚珠、螺杆、螺母及滚珠循环装置组成。其工作原理是：在螺杆和螺母的螺纹滚道中，装有一定数量的滚珠（钢球），当螺杆与螺母做相对螺旋运动时，滚珠在螺纹滚道内滚动，并通过滚珠循环装置的通道构成封闭循环，从而实现螺杆与螺母间的滚动摩擦。

滚珠螺旋传动具有滚动摩擦阻力小，传动效率高，传动稳定，动作灵敏等优点。但其结构复杂，外形尺寸较大，没有自锁作用，制造技术要求高，因此成本也较高，目前主要应用于精密传动的数控机床（滚珠丝杠传动）、汽车转向机构（图2-57）以及自动控制装置、升降机构、精密测量仪器等。

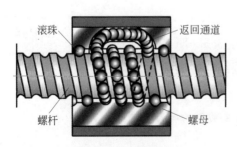

图2-56　滚珠丝杠

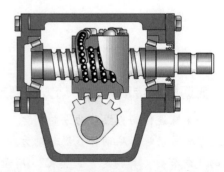

图2-57　滚珠丝杠在汽车转向机构中的应用

练习与实践

1. 填空题

（1）螺旋机构通过螺杆与螺母的相对运动，将_____运动转变为_____运动。

（2）滚珠螺旋传动装置主要有_____、_____、_____和_____。

（3）普通螺旋传动中，螺杆（或螺母）螺距为 P（mm），导程为 P_h（mm），当螺杆（或螺母）回转 N 圈时，则螺杆（或螺母）移动的直线距离 $L=$_____ mm；若螺杆（或螺母）转速为 n（r/min），则螺杆（或螺母）移动速度 $v=$_____（mm/min）。

2. 选择题

（1）有关普通螺旋传动的论述错误的是（　　）。

    A. 可以实现自锁　　　　　　　　　　　B. 螺杆旋转一圈，螺母移动一个螺距

    C. 螺纹旋转方向可分为右旋和左旋两种　　D. 普通螺旋传动可将回转运动转变为直线运动

（2）广泛应用于传动机构的螺纹是（　　）。

    A. 矩形螺纹　　　　　B. 锯齿形螺纹　　　　C. 梯形螺纹　　　　D. 普通螺纹

（3）螺旋传动由（　　）、螺母和机架组成。

    A. 螺栓　　　　　　　B. 螺丝　　　　　　　C. 螺杆　　　　　　D. 螺柱

（4）螺旋千斤顶的传动形式为（　　）。

    A. 螺母固定，螺杆回转并作轴向移动　　　B. 螺杆固定，螺母回转并做轴向移动

    C. 螺杆原位回转，螺母做直线运动　　　　D. 螺母原位回转，螺杆做直线运动

（5）在机床刀架和工作台进给机构中采用螺旋传动，主要是因为它具有（　　）的优点。

    A. 结构简单并具有很大的传动比　　　　　B. 能将微小力矩变为巨大推力

    C. 微调性能和自锁性能　　　　　　　　　D. 工作平稳无噪声

（6）滚珠螺旋传动的特点是（　　）。

    A. 结构简单　　　　　　B. 用滚动摩擦代替了滑动摩擦　　　　C. 运动不具有可逆性

3. 判断题（对的打 ✓，错的打 ✗）

（1）普通螺旋传动采用的螺纹是普通螺纹。　　　　　　　　　　　　　　　（　　）

（2）螺旋传动不能把直线运动转变为回转运动。　　　　　　　　　　　　　（　　）

（3）普通螺旋传动中螺杆永远是主动件。　　　　　　　　　　　　　　　　（　　）

（4）普通螺旋传动结构简单，传动连续、平稳，承载能力大，传动效率高。　（　　）

（5）滚珠螺旋传动摩擦磨损小，传动效率高，运转平稳，无低速爬行现象。　（　　）

4. 简述与实践题

（1）如图 2-58 所示，普通螺旋传动中，已知左旋双线螺杆的螺距为 8mm，若螺杆按图示方向回转两圈，请问螺母移动了多少距离？向什么方向移动？

（2）1874 年美国机械专家发明了滚珠丝杠传动新技术，请你谈一谈发明该传动技术的意义。它有哪些突出的优点？主要应用在哪些场合？

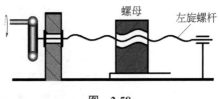

图 2-58

2.4 齿轮传动

　　齿轮是机械产品的重要基础零件。齿轮传动是指主、从动轮的轮齿直接啮合传递运动和动力的装置，如图2-59所示。齿轮传动是现代机械中应用最广泛、最主要的一种机械传动形式，在工程机械、矿山机械、冶金机械、各种机床、电力设备及仪器、仪表工业中被广泛地用来传递运动和动力，图2-60为齿轮传动装置。

图2-59　齿轮传动

图2-60　齿轮传动装置

机械史话

　　齿轮由谁发明？已无从考证，但可以确定时间非常久远，它是至今为止，其原型没有改变的机械零件。

　　据历史资料记载，远在公元前400—前200年的中国古代就开始使用齿轮，我国山西发掘出来的青铜齿轮是迄今已发现的最古老的齿轮，作为反映古代科技成就的指南车就是以齿轮机构为核心的机械装置。

　　公元前300多年，古希腊哲学家亚里士多德在《机械问题》中，就阐述了用青铜或铸铁齿轮传递旋转运动的问题。在那个时代，人们不仅仅将齿轮作为回转的传动，还懂得利用齿轮作为省力装置。如亚历山大时代，人类就制造出了一个蜗轮与九个齿轮的省力装置，知晓可以用130kg的力量举起26t的重物，增大了200倍的效能。

　　早在16世纪人们就开始使用传动啮合接触应力小、磨损均匀的摆线齿轮，但制造要求精度高，传动平稳性差。17世纪末，致力于齿轮传动的机械精英们开始研究能正确、高效传递运动的轮齿形状。1694年，法国学者菲利普德拉首先提出了渐开线可作为齿形曲线。18世纪，欧洲工业革命以后，齿轮传动的应用日益广泛，渐开线齿轮和摆线齿轮开始相互竞争。直至20世纪初，易加工、精度高、工作寿命长的渐开线齿轮取代了摆线齿轮而成为机械领域的传动主角。

　　1907年，英国人弗兰克最早提出圆弧齿轮。这种齿轮齿根厚度大，承载能力高，磨损均匀，寿命长，振动和噪声较小。其缺点是不具有渐开线齿轮传动的"中心距可分离性"，因此，加工和安装过程中要严格控制其切齿深度和安装中心距。经过一百多年的探索研究，国内外在圆弧齿轮传动上都取得了较大的突破，应用越来越多。

找出你身边的齿轮

在日常生活中，大概很少会直接看到齿轮。其实，在我们小时候所玩的玩具中，使用了大量的齿轮。还有，生活中所使用的日用品里，或许我们从来不曾注意到，其实也大量使用了齿轮。比一比，赛一赛，看谁找出的齿轮多。

与链传动、带传动相比，齿轮传动具有如下特点。

① 传动比准确。齿轮传动能保证两轮瞬时传动比恒等于常数。

② 传动的功率和速度范围大。传递的功率范围从 0.1W 到 5×10^4 kW；传递圆周速度可以从很低到 300m/s 以上，直径可以从 1mm 到 150m。

③ 传动效率高。齿轮机构传动效率一般在 95% 以上。

④ 结构紧凑，传动平稳、可靠，寿命长。

⑤ 齿轮制造、安装要求高。

齿轮传动的传动比

齿轮传动的传动比 i 是主动齿轮转速 n_1 与从动齿轮转速 n_2 之比，也等于两轮齿数的反比。即

$$i = \frac{n_1}{n_2} = \frac{z_2}{z_1}$$

式中：n_1——主动齿轮转速；

　　　n_2——从动齿轮转速；

　　　z_1——主动齿轮齿数；

　　　z_2——从动齿轮齿数。

例　一齿轮传动，已知主动齿轮转速 n_1=960r/min，齿数 z_1=20，从动齿轮齿数 z_2=50。试计算传动比 i 和从动轮转速 n_2。

解：根据　　　　　　　　　$i = \frac{n_1}{n_2} = \frac{z_2}{z_1}$

传动比　　　　　　　　　　$i = \frac{z_2}{z_1} = \frac{50}{20} = 2.5$

从动齿轮转速　　　　　　　$n_2 = \frac{n_1}{i} = \frac{960}{2.5} = 384 (\text{r/min})$

齿轮传动的类型

齿轮的类型很多，齿轮传动可以按不同的方法进行分类。

① 根据齿线形状不同，可分为直齿齿轮、斜齿齿轮和曲线齿齿轮。

② 根据齿轮副两传动轴的相对位置不同，可分为平行轴齿轮传动（表2-5）、相交轴齿轮传动（表2-6）、交错轴齿轮传动（表2-7）。

表 2-5　平行轴齿轮传动

类　型	外啮合直齿圆柱齿轮传动	内啮合直齿圆柱齿轮传动	外啮合斜齿圆柱齿轮传动	齿轮齿条传动
实物图				

表 2-6　相交轴齿轮传动

类　型	直齿锥齿轮传动	斜齿锥齿轮传动	曲线齿锥齿轮传动
实物图	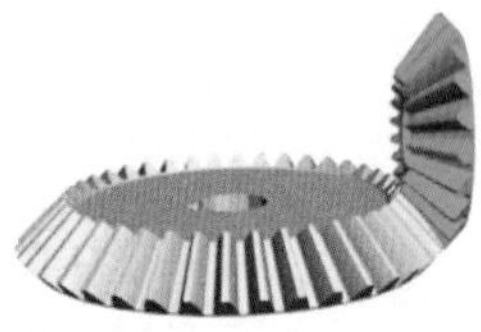		

表 2-7　交错轴齿轮传动

类　型	交错轴斜齿轮传动	准双曲面齿轮传动	蜗杆传动
实物图			

③ 根据轮齿齿廓曲线不同，可分为渐开线齿轮传动、摆线齿轮传动和圆弧齿轮传动。其中渐开线齿轮能保证瞬时传动比恒定不变，制造、安装方便，应用最广。本章仅学习讨论渐开线齿轮传动。

知识链接

渐 开 线

如图2-61所示，当一条直线AB沿一固定的圆做纯滚动时，该直线上任意一点K在平面上的轨迹CK曲线称为这个圆的渐开线。这个固定的圆称为渐开线的基圆（r_b为基圆半径），直线AB称为渐开线的发生线。

渐开线的形状取决于基圆的大小，基圆越大，渐开线越平直。当基圆半径趋于无穷大时，渐开线便成了直线，故齿条可看成基圆半径无穷大的渐开线齿轮。

渐开线齿轮——以同一个基圆上产生的两条反向渐开线为齿廓的齿轮，如图2-62所示。

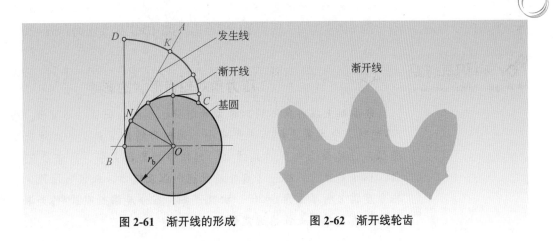

图 2-61 渐开线的形成　　　　图 2-62 渐开线轮齿

直齿圆柱齿轮的基本参数及几何尺寸计算

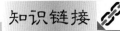知识链接

渐开线齿轮的四个圆（图2-63）

齿顶圆：轮齿顶部所在的圆。直径用d_a表示。

齿根圆：齿槽底部所在的圆。直径用d_f表示。

基圆：形成渐开线齿廓曲线的圆。直径用d_b表示。

分度圆：齿轮上作为齿轮尺寸基准的圆。直径用d表示。对于标准齿轮，分度圆上的齿厚和槽宽相等。

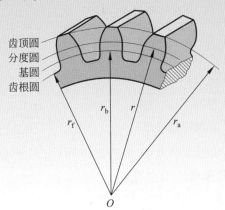

图 2-63 渐开线齿轮的四个圆

1. 直齿圆柱齿轮的主要参数

在一个渐开线直齿圆柱齿轮上，齿数、压力角和模数是几何尺寸计算的主要参数。

（1）齿数 z

在齿轮整个圆周上轮齿的总数称为该齿轮的齿数，用 z 表示。

（2）压力角 α

压力角是齿轮运动方向与受力方向所夹的锐角（图 2-64）。

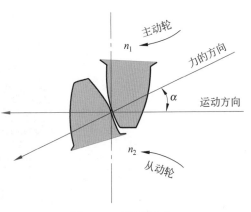

图 2-64 齿轮压力角

通常所说的压力角是指分度圆上的压力角。压力角已标准化，我国规定标准压力角 $\alpha = 20°$。

知识链接

压力角对轮齿形状的影响

分度圆上压力角不同，轮齿的形状也不同，如图2-65所示。当分度圆半径 r 不变时，分度圆上的压力角减小，则轮齿的齿顶变宽，齿根变窄，承载能力降低；分度圆上的压力角增大，则轮齿的齿顶变窄，齿根变宽，承载能力增强，但传动费力。综合考虑传动性能和承载能力，我国标准规定渐开线圆柱齿轮分度圆上的压力角 $\alpha = 20°$。由此可知，在分度圆上以20°作为渐开线上圆柱齿轮的压力角并不是任意选定的。

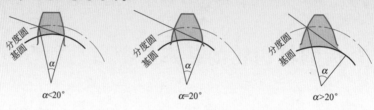

图 2-65　压力角对轮齿形状的影响

（3）模数 m

齿距 P 除以圆周率 π 所得的商称为模数，用 m 表示，单位为 mm。模数是齿轮几何尺寸计算中最基本的一个参数。国家标准对模数值规定了标准模数等系列，见表2-8。

表 2-8　标准模数系列表（GB/T 1357—1987）　单位：mm

第一系列	…	1	1.25	1.5	2	2.5	3	4	5	6
	8	10	12	16	20	25	32	40	50	—
第二系列	…	1.75	2.25	2.75	（3.75）	4.5	3.5	4.5	5.5	（6.5）
	7	9	（11）	14	18	22	28	36	45	

注：选用模数时，应优先采用第一系列，括号内的模数尽量不用。

模数直接影响齿轮的大小、轮齿齿形和强度的大小，如图2-66所示。对于相同齿数的齿轮，模数越大，齿轮的几何尺寸越大，轮齿也越大，因此承载能力也越大。

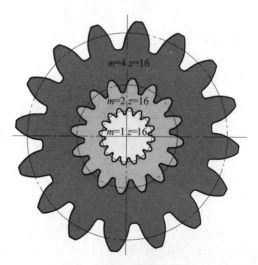

图 2-66　模数不同的齿轮比较

齿轮几何尺寸计算中为什么要引入模数？

假设齿轮的齿数为z，分度圆的直径为d，分度圆的齿距为P，分度圆周长为L，则

$$L = Pz = \pi d$$

因此，分度圆直径为

$$d = \frac{P}{\pi}z$$

由于π为无理数，由此求出的分度圆的直径也是无理数，这就给齿轮计算和测量带来了不便。为此，令齿距与π的比值为

$$m = \frac{P}{\pi}$$

并且规定比值m是一个有理数，m称为齿轮分度圆上的模数，其单位为mm。于是，分度圆的直径为

$$d = mz$$

一对啮合的渐开线齿轮传动时，能保证传动比恒定，平稳地传动，但并不是任意两个渐开线齿轮都能搭配啮合的。机械专家根据齿轮啮合原理，研究总结出一对渐开线直齿圆柱齿轮正确啮合的条件如下。

① 两齿轮的模数必须相等，即 $m_1 = m_2 = m$。
② 两齿轮分度圆上的压力角必须相等，即 $\alpha_1 = \alpha_2 = \alpha$。

2. 直齿圆柱齿轮各部分名称

渐开线标准直齿圆柱齿轮的各部分名称和符号如图 2-67 所示。

① 齿厚 s：分度圆上一个齿的两侧齿廓之间的弧长。
② 槽宽 e：分度圆上一个齿槽两侧端面齿廓之间的弧长。
③ 齿距 P：分度圆上相邻两齿同侧端面齿廓之间的弧长。
④ 齿顶高 h_a：齿顶圆与分度圆之间的径向距离。
⑤ 齿根高 h_f：齿根圆与分度圆之间的径向距离。
⑥ 齿高 h：齿顶圆与齿根圆之间的径向距离，即 $h = h_a + h_f$。
⑦ 齿宽 b：轮齿部分沿齿轮轴线方向的宽度。

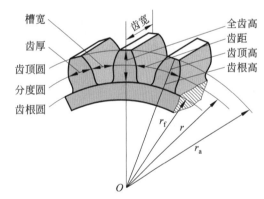

图 2-67 标准直齿圆柱齿轮的各部分名称

3. 标准齿轮及几何尺寸计算

如果一个齿轮的模数 m、压力角 α、齿顶高系数 h_a^* 和顶隙系数 c^* 都是标准值，并且分度圆上的齿厚与齿槽宽相等，即

$$s = e = \frac{P}{2} = \frac{\pi m}{2}$$

则该齿轮称为标准齿轮。

齿顶高系数 h_a^* 和顶隙系数 c^* 已经标准化，我国规定的标准值如下：
对于正常齿制，$h_a^*=1$，$c^*=0.25$；对于短齿制，$h_a^*=0.8$，$c^*=0.3$。
外啮合标准直齿圆柱齿轮各部分的几何尺寸计算可参见表 2-9。

表 2-9　标准直齿圆柱齿轮各部分的几何尺寸计算公式

名　称	符　号	计算公式
分度圆直径	d	$d=mz$
基圆直径	d_b	$d_b=d\cos\alpha$
齿顶圆直径	d_a	$d_a=d+2h_a=m\,(z+2)$
齿根圆直径	d_f	$d_f=d-2h_f=m\,(z-2.5)$
齿距	P	$P=\pi m$
齿厚	s	$s=\dfrac{P}{2}=\dfrac{\pi m}{2}$
槽宽	e	$e=s=\dfrac{P}{2}=\dfrac{\pi m}{2}$
齿顶高	h_a	$h_a=h_a^**m$
齿根高	h_f	$h_f=(h_a^*+c^*)\,m=1.25m$
齿高	h	$h=h_a+h_f=2.25m$
中心距	a	$a_{外啮合}=\dfrac{m(z_1+z_2)}{2}\qquad a_{内啮合}=\dfrac{m(z_2-z_1)}{2}$

例 1　已知一对增速传动齿轮，小齿轮 z_1=24，大齿轮 z_2=96，模数 m=3mm，试确定：① 从动轮；② 传动比；③ 从动轮的分度圆直径 d、齿顶圆直径 d_a、齿根圆直径 d_f。

解：① 据题意小齿轮 z_1 为从动轮。

②
$$i=\frac{z_1}{z_2}=\frac{24}{96}=0.25$$

③
$$d=mz=3\times24=72\,(\mathrm{mm})$$

$$d_a=m\,(z+2)=3\times(24+2)=78\,(\mathrm{mm})$$

$$d_f=m\,(z-2.5)=3\times(24-2.5)=64.5\,(\mathrm{mm})$$

例 2　已知一对外啮合标准直齿圆柱齿轮，其传动比 i=3，主动齿轮转速 n_1=750r/min，中心距 a=240mm，模数 m=5mm。试计算从动轮转速 n_2，以及两齿轮齿数 z_1 和 z_2。

解：由

$$i=\frac{n_1}{n_2}$$

得
$$n_2=\frac{n_1}{i}=\frac{750}{3}=250(\mathrm{r/min})$$

由
$$a=\frac{m(z_1+z_2)}{2}\,,\ i=\frac{z_2}{z_1}$$

解得
$$z_1=24,\quad z_2=72$$

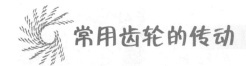

常用齿轮的传动

1. 直齿圆柱齿轮传动

直齿圆柱齿轮是应用最为广泛的一类齿轮，在生产生活中直齿圆柱齿轮传动用于传递两平行轴间的运动和动力。传动方式有外啮合齿轮传动（图2-68）和内啮合齿轮传动（图2-69），一对外啮合齿轮转向相反，一对内啮合齿轮转向相同。直齿圆柱齿轮传动时，啮合面接触线是一条与轴线平行的直线，齿轮啮合时总是沿整个齿宽同时接触、同时分离，存在冲击现象，振动大，传动平稳性差，噪声大，主要用于低速、轻载传动。

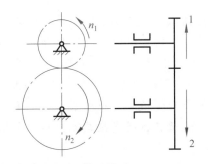

图2-68 一对外啮合齿轮传动简图

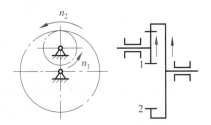

图2-69 一对内啮合齿轮传动简图

2. 斜齿圆柱齿轮传动

斜齿圆柱齿轮可用于平行轴齿轮传动（图2-70）和交错轴齿轮传动。斜齿圆柱齿轮用于平行轴传动时的正确啮合条件如下：

① 两齿轮法向模数相等，即 $m_1=m_2=m$ ；

② 两齿轮法向的压力角必须相等，即 $\alpha_1=\alpha_2=\alpha$ ；

③ 两齿轮螺旋角相等，旋向相反，即 $\beta_1=-\beta_2$ 。

图2-71为斜齿圆柱齿轮传动简图。由图示可知，一对斜齿圆柱齿轮外啮合时，齿轮转向相反。

图2-70 斜齿圆柱齿轮传动

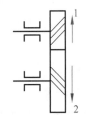

图2-71 斜齿圆柱齿轮传动简图

斜齿圆柱齿轮啮合面接触线逐渐由短变长，再由长变短。载荷的分配也是由小到大，再由大到小，而且多齿参与啮合。因此，斜齿圆柱齿轮传动的冲击、振动和噪声小，传动平稳，承载能力大，使用寿命长。但传动时会产生轴向力，需要安装能承受轴向力的轴承，也不能当作变速滑移齿轮使用。斜齿圆柱齿轮适用于高速传动和大功率传动。

当载荷很大时，可以采用人字齿轮（图2-72）。人字齿轮可看作螺旋角大小相等、方向相反的两个斜齿轮合并而成，因左右对称而使两轴向力的作用互相抵消。由于特殊的人字形结构，无轴向力产生，使得传动更加平稳，噪声更低，传动效率提高，寿命延长，在机械传动获得了广泛应用。人字齿轮适用于传递大功率的重型机械，其缺点是制造较困难，成本较高。

图 2-72　人字齿轮传动

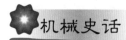 **机械史话**

1900年，22岁的法国小伙子安德烈·雪铁龙在波兰旅行时偶然发现了一种夹角为165°的人字形齿轮加工技术，他立即购买了这项专利。1913年安德烈·雪铁龙建立了齿轮制造公司，开始生产制造人字形齿轮（图2-73为当年雪铁龙公司制造商的产品），并选用人字形条纹齿轮（图2-74）作为雪铁龙公司的商标。从此，这种人字形齿轮便成为雪铁龙公司的象征，也是一直延续至今的雪铁龙汽车标识。直到现在，这项科技还在被广泛应用，由此可见安德烈·雪铁龙独具慧眼和卓越的追求。

图 2-73　雪铁龙公司制造的人字形齿轮

图 2-74　雪铁龙商标

3. 直齿锥齿轮传动

锥齿轮的轮齿有直齿、斜齿和曲线齿等形式。直齿锥齿轮（图2-75）轮齿排列在圆锥体上，齿槽在大端处宽而深，在小端处窄而浅，轮齿从大端逐渐向锥顶缩小。直齿锥齿轮的正确啮合条件如下：

（1）两齿轮的大端端面模数相等，即 $m_1=m_2=m$；

（2）两齿轮的压力角必须相等，即 $\alpha_1=\alpha_2=\alpha$。

由图 2-76 所示直齿锥齿轮传动简图发现，一对直齿锥齿轮传动时，两轮同时指向或同时相背啮合点。

锥齿轮传动通常用来实现两相交轴的传动，两轴交角 Σ 称为轴角，其值可根据传动需要确定，一般采用90°。直齿锥齿轮传动时，产生的轴向力小，但振动和噪声都比较大，传动平稳性不如斜齿锥齿轮，主要用于两相交轴之间的低速传动（小于5m/s）。

图 2-75 直齿锥齿轮传动

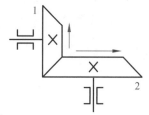
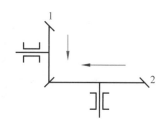

图 2-76 直齿锥齿轮传动简图

4. 齿轮齿条传动

由齿条与齿轮啮合来传递运动和动力的机构称为齿轮齿条传动（图 2-77）。它是现代机械中应用很广的一种机械传动，可用于传递任意夹角的两轴间的运动。其目的是将齿轮的回转运动转变为齿条的往复直线运动，或将齿条的往复直线运动转变为齿轮的回转运动。

齿条是具有一系列等距分布齿的平板或直杆，它分为直齿条和斜齿条。直齿条的齿线是垂直于齿运动方向的直线；斜齿条的齿线是倾斜于齿运动方向的直线。齿条各部分的尺寸计算可按外啮合圆柱齿轮的有关公式进行。

齿轮作回转运动，齿条作直线运动，齿条可以看作一个齿数无穷多的齿轮的一部分，这时齿轮的各圆均变为直线，作为齿廓曲线的渐开线也变为直线。齿条移动速度与齿轮分度圆直径、转速之间的关系为

$$v = n\pi d = n\pi m z$$

式中：v——齿条移动速度，mm /min；

d——齿轮分度圆直径，mm；

m——齿轮模数；

z——齿轮齿数；

n——齿轮转速，r/min。

齿轮每回转 1 转时，齿条移动的距离为

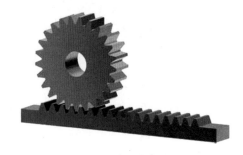

图 2-77 齿轮齿条传动

$$L = \pi d = \pi m z \text{ (mm)}$$

齿轮齿条传动的传递动力大、精度高（可达 0.1mm）、速度高（可大于 2m/s）；工作平衡、可靠；传动比恒定，无限接长可以长距离传动。但磨损大，安装精度要求高，主要用于快速、精确的定位机构、自动化快速移载机构，如大版面钢板数控切割机、玻璃数控切割机、建筑施工升降机等。

拓展视野

非圆齿轮传动

非圆齿轮传动是一种传动比按一定规律变化的齿轮机构。常用的非圆齿轮机构如图2-78所示，有椭圆齿轮传动、二叶卵线齿轮传动、叶数不等卵线齿轮传动、对数螺线齿轮传动等。在椭圆齿轮传动中，主动轮等速回转时，从动轮角速度周期性地从最小变到最大，再从最大变到最小。

非圆齿轮传动常用于从动件速度需要一定变化的场合，在机床、印刷机、纺织机械和仪器中均有应用。

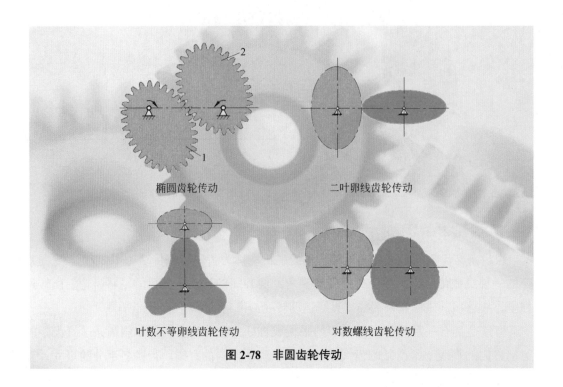

图 2-78　非圆齿轮传动

齿轮结构及常用材料

1. 齿轮结构

常见的圆柱齿轮有以下四种结构。

（1）齿轮轴

对于直径较小的齿轮，当齿轮的齿顶圆直径与轴孔直径接近时，通常将齿轮和轴制成一体，即齿轮轴，如图 2-79 所示。

（2）实体齿轮

当齿顶圆直径 $d_a \leqslant 200$mm 时，齿轮和轴分别制造，齿轮通常制成实体结构，如图 2-80 所示。

图 2-79　齿轮轴

图 2-80　实体齿轮

（3）腹板式齿轮

当齿顶圆直径 d_a=201~500mm 时，为减轻重量，节约材料，齿轮通常制成腹板式结构，如图 2-81 所示。

（4）轮辐式齿轮

当齿顶圆直径 $d_a > 500mm$ 时，齿轮通常制成轮辐式结构，如图 2-82 所示。

图 2-81 腹板式齿轮

图 2-82 轮辐式齿轮

2. 齿轮常用材料

（1）锻钢

锻钢因组织均匀细小，强度高，韧性好，故大多数齿轮都用锻钢制造。

软齿面齿轮：齿面硬度≤350HBS，常用中碳钢（45 钢）和合金调质钢（35SiMn、40Cr），进行调质或正火处理。这种齿轮适用于强度、精度要求不高的场合，轮坯经过热处理后进行插齿或滚齿加工，生产便利，成本较低。

硬齿面齿轮：齿面硬度>350HBS，选用中碳钢和合金调质钢，经表面淬火处理，硬度在 40~50HRC 之间。若选用低碳钢（20 钢）和合金渗碳钢（20Cr、20CrMnTi），经渗碳淬火处理，硬度可达 56~62HRC。

（2）铸钢

当齿轮尺寸较大（>400~600mm）而不便于锻造时，可采用铸钢（ZG310-570、ZG340-640）铸造，再进行正火处理以细化晶粒。

（3）铸铁

低速、轻载场合的齿轮可选用铸铁制造。当尺寸大于 500mm 时可制成大齿圈，或制成轮辐式齿轮。铸铁齿轮的加工性能、抗点蚀、抗胶合性能均较好，但强度低，抗冲击性能差。

球墨铸铁的力学性能和抗冲击能力比灰铸铁高，可代替铸钢制造大直径齿轮。

（4）非金属材料

非金属材料的弹性模量小，适用于高速、轻载，精度要求不高的场合，如常用工程塑料或夹布胶木等。

 齿轮加工及传动精度

1. 齿轮加工

齿轮轮齿加工方法很多，最常用的是切削法，其次还有冲压、轧制、铸齿等加工方法。切削法按其原理可分为仿形法和范成法两种。

（1）仿形法

仿形法是在铣床上利用成形刀具直接切出轮齿齿形的一种加工方法。在刀具的轴向剖向剖面内，刀刃的形状与毛坯需要加工出的齿槽形状完全相同。常用的成形刀具有如图 2-83 所示的盘状铣刀和图 2-84 所示的指状铣刀两种。

仿形法加工方法简单，不需要专用机床，但生产率低，精度不高，只适用于单件生产及精度要求不高的齿轮加工。

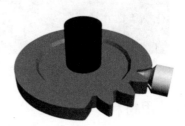

图 2-83　盘状铣刀切齿原理　　　　图 2-84　指状铣刀切齿原理

（2）范成法

范成法是利用一对齿轮的啮合原理切削出齿轮的方法。范成法的加工效率高、精度高（可达 7、8 级），是目前切削加工齿轮中最常用的一种方法，广泛用于精度高和大批量的齿轮生产。

范成法切齿的加工方法有多种，应用最多的是插齿和滚齿。

① 插齿。图 2-85 为用齿轮插刀加工齿轮的情形。齿轮插刀是一个与被加工齿轮具有相同模数和压力角的渐开线齿廓。切齿时，插刀沿轮坯轴线做往复切削运动及让切运动，同时插刀与齿坯以恒定的传动比做回转运动，直至全部齿槽切削完毕。

② 滚齿。图 2-86 为用滚刀加工齿轮的情形。滚刀的形状像一个螺旋，其轴向截面的齿形与齿条相同。滚刀转动时，相当于一假想齿条刀具连续沿其轴移动，轮坯在滚齿机带动下与该齿条保持着齿条插刀关系。这样，便可以连续切出渐开线齿廓。

滚刀加工克服了齿轮插刀不能连续切削的缺点，实现了连续切削，有利于提高生产率。

图 2-85　齿轮插刀切齿原理　　　　图 2-86　滚刀切齿原理

知识链接

根切现象和最少齿数

根切现象　用范成法加工渐开线标准齿轮时，如果被加工齿轮的轮齿数目太少，会出现刀具的顶部切入轮齿根部，切去轮齿根部渐开线齿廓的现象，这种现象称为根切，如图2-87所示。

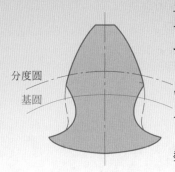

分度圆
基圆

图2-87　根切

齿轮发生根切，不仅削弱了它的轮齿强度，而且降低了重合度，影响传动的平稳性，应避免发生。

最少齿数　标准齿轮是否发生根切取决于齿数的多少，齿数越少，根切越严重。机械专家依据齿轮设计原理计算出：齿轮避免产生根切的最少齿数应大于17。

2. 齿轮传动精度

根据齿轮传动的使用要求，对齿轮制造精度提出了以下3方面要求：一是传递运动的准确性；二是传动的平稳性；三是载荷分布的均匀性。

依据制造精度的要求，国家标准 GB/T 10095—2008 将齿轮传动精度分为 12 级，1 级最高，12 级最低，常用的为 6~9 级。

一般机械中的齿轮，当圆周速度小于 5m/s，采用插齿（或滚齿）加工直齿齿轮时，多采用 8 级；中、高速重载齿轮，当圆周速度 $v \leqslant 10\text{m/s}$ 时，可采用 7 级精度；低速（$v \leqslant 3\text{m/s}$）、轻载或不重要的齿轮，可采用 9 级精度。

齿轮按检查项目分为 I、II、III 三组公差，各组公差对传动性能的影响见表 2-10。

表 2-10　齿轮公差分组表

公 差 组	公差极限偏差项目	对性能的主要影响
I	F_i'、F_i''、F_p、F_r、F_w	传递运动的准确性
II	f_i'、f_i''、f_f、f_{pt}、f_{pb}、$f_{f\beta}$	传动的平稳性
III	接触斑点、$F_{p\beta}$、F_{px}	载荷分布的均匀性

齿轮传动精度等级的选择应考虑传动的用途、使用条件、传动功率、圆周速度及其他技术要求。可由表 2-10 选出第 II 组公差组精度等级，第 I、III 组公差可与第 II 组公差精度等级相同，也可根据需要上下相差 1 级。表 2-11 为常见机器中齿轮精度等级的选用范围。

表 2-11　常见机器中齿轮精度等级

机器名称	汽轮机	切削机床	轻型汽车	载重汽车	拖拉机	常用减速器	锻压机床	起重机	大型卷扬机	农业机械
精度	3~6	3~8	5~6	7~9	6~8	6~8	6~9	7~10	8~10	8~11

在齿轮工作图中，应标注齿轮精度等级和齿厚（或公法线长度）极限偏差的代号，标注方法如下：

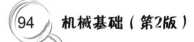

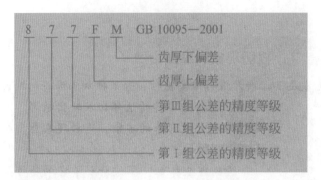

如果三个等级相同时，可简化标注，例如 8 FG GB 10095—2001。

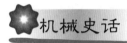

东芝事件

　　20世纪冷战时期，苏联的机械加工技术落后于西方国家，制造的核潜艇因螺旋桨发出的噪声大，美国海军可用声呐监测其行动。

　　1983年，日本东芝公司违背西方国家对苏联的高端技术封锁协议，假借挪威一家挂壳公司名义，出售给苏联几台五轴联动数控铣床。苏联购得该数控机床后，装备制造水平得以大大提升。将其用于制造核潜艇推进螺旋桨，由于加工精度提高，使得螺旋桨在水中转动时噪声大大下降，以至于美国的声呐无法侦测到苏联核潜艇的动向，这是因为苏联的潜艇能很好地隐藏在海底。

　　分析齿轮失效，是为了找出齿轮传动失效的原因，设计时科学准确，制定出正确维护的措施，提高齿轮承载能力和使用寿命。齿轮传动失效主要发生在轮齿上，常见的有以下几种失效形式。

1. 轮齿折断

　　轮齿像一个悬臂梁，受载后齿根部产生的弯曲应力最大。在交变应力作用下，齿根过渡部分产生严重的应力集中，当应力值超过材料的弯曲疲劳强度时，齿根处开始产生微裂纹，微裂纹逐渐扩展最终导致轮齿折断。这种折断称为疲劳折断，如图 2-88 所示。

　　当轮齿突然过载，或经严重磨损后齿厚过薄时，也会发生折断。

　　断齿不但使传动不能正常进行，甚至会造成重大事故。提高轮齿抗折断能力的措施很多，如选择恰当的模数和齿宽；增大齿根圆半径，消除该处的加工刀痕以降低齿根的应力集中；增大轴及支撑物的刚度以减轻齿面局部过载的程度；对轮齿进行喷丸、碾压等冷作处理以提高齿面硬度，保持芯部的韧性等。

2. 齿面点蚀

　　齿轮在啮合传动时，齿面受到交变应力的反复作用，轮齿的表层材料起初出现微小的疲劳裂纹，并且逐渐扩展，最终导致齿面表层的金属微粒脱落，在齿面形成麻点或凹坑（图 2-89），这种现象称为齿面点蚀。点蚀的出现不但会影响传动的平稳性,引起振动和噪声,还会降低齿轮的承载能力,最终造成齿轮的失效。

对于开式齿轮传动,由于齿面磨损较快,点蚀还来不及出现或扩展就被磨损掉,故齿面点蚀是闭式齿轮传动失效的最主要形式。

为防止过早出现齿面点蚀,提高齿轮抗疲劳点蚀的能力,可选择合适的齿轮参数(如增大模数和齿数)、采用合适的材料、提高齿面硬度、降低表面粗糙度值、采用黏度较高的润滑油等。

图 2-88　轮齿折断　　　　　　　　　图 2-89　齿面点蚀

3. 齿面磨损

由于粗糙齿面的摩擦或有砂粒、金属屑等磨料落入齿面之间,都会引起齿面磨损,如图 2-90 所示。齿面磨损引起齿廓变形,齿厚减小,产生振动和噪声,甚至因轮齿过薄而断裂。在开式齿轮传动中,由于润滑条件不好,并有硬质颗粒杂物进入轮齿的工作表面,会加剧齿面磨损。

齿面磨损是开式齿轮失效的主要形式。防止齿面磨损的措施是:一般采用闭式齿轮传动,对开式传动应适当增大模数;提高齿面硬度和降低齿面的粗糙度值,改善齿面耐磨性;供给足够的润滑油,改善润滑条件等。

4. 齿面胶合

在高速重载齿轮传动中,由于齿面间压力大、温度高引起油膜破裂而导致润滑失效,致使相啮合的两齿面的局部金属直接接触并在瞬间熔焊而互相黏连。当两齿面继续相对转动时,较软齿面上的金属从表面被撕落下来,从而在齿面上沿滑动方向出现条状伤痕(图 2-91),造成齿轮失效,这种现象称为齿面胶合。

在机械设备中,提高齿面的硬度,降低齿面的表面粗糙度均可提高抗胶合能力。对于低速传动,可采用黏度大的润滑油;对于高速传动,则可用加有抗胶合添加剂的合成润滑油。

5. 塑性变形

当制造齿轮的材料较软时,在重载下可能产生局部的金属流动现象,即齿面塑性变形,如图 2-92 所示。由于摩擦力的作用,齿面塑性变形将沿着摩擦力的方向发生。最后在主动轮的齿面节线附近形成凹沟,在从动轮的齿面节线附近产生凸起的棱脊。此时轮齿失去正确的形状而失效。材料较软的轮齿,受过大冲击载荷作用时,还会使轮齿的整体产生塑性变形。

提高齿面的硬度,选用屈服强度较高的材料,选用黏度较高的润滑油等方法都有利于防止轮齿塑性变形。

图 2-90　齿面磨损

图 2-91　齿面胶合

图 2-92　塑性变形

练习与实践

1. 填空题

（1）常用齿轮的轮廓曲线是＿＿＿＿＿＿线。

（2）渐开线的形状取决于＿＿＿＿＿的大小，它的直径越小，则渐开线越＿＿＿＿＿。

（3）一对齿轮机构，主动轴的转速为 1200r/min，主动轮齿数为 20，从动轮齿数为 30。那么，从动轴的转速为＿＿＿＿＿ r/min。

（4）一个渐开线圆柱齿轮上可见圆有＿＿＿＿＿、＿＿＿＿＿，不可见圆有＿＿＿＿＿、＿＿＿＿＿。

（5）标准齿轮除模数和压力角为标准值外，还应满足的条件是＿＿＿＿＿、＿＿＿＿＿，这些都是标准值，并且分度圆上的＿＿＿＿＿与＿＿＿＿＿相等。

（6）一标准直齿圆柱齿轮模数 m=5mm，齿数 z=24。则分度圆直径 d= ＿＿＿＿＿ mm，齿距 p= ＿＿＿＿＿ mm。

（7）已知一对渐开线标准直齿圆柱齿轮，正常齿，模数均等于 4mm，齿数分别为 25 和 45，$\cos 20° ≈ 0.94$。请解答下列问题：

① 小齿轮分度圆直径等于＿＿＿＿＿ mm。

② 小齿轮基圆比齿根圆＿＿＿＿＿（大或小）。

③ 该对齿轮正确啮合的条件是 ＿＿＿＿＿ 和分度圆上＿＿＿＿＿分别相等。

④ 若该对齿轮为增速齿轮，则传动比为＿＿＿＿＿。

（8）开式齿轮的主要失效形式是＿＿＿＿＿，闭式齿轮的主要失效形式是＿＿＿＿＿。

（9）经检测发现，一对失效齿轮的两轮中一轮的齿面沿节线处有凹沟，一轮的齿面沿节线处有凸棱。则该对齿轮失效形成的原因可能是＿＿＿＿＿。有凹沟的齿轮是＿＿＿＿＿动轮，有凸棱的齿轮是＿＿＿＿＿动轮。

（10）在直齿圆柱齿轮、斜齿圆柱齿轮和人字齿轮传动中，抗振动性能和传动平稳性由好到差的顺序是＿＿＿＿＿＿＿＿＿＿＿＿＿＿＿＿＿＿＿＿＿。

（11）齿轮的加工方法有＿＿＿＿＿法和＿＿＿＿＿法两种，指状铣刀切齿加工比滚齿机加工的齿形精度＿＿＿＿＿（低、高）。

（12）齿轮传动精度分为_____级，_____级最高，常用的为_____级。

2. 选择题

（1）渐开线齿轮传动的啮合特点是传动比（　　　）。

    A. 恒定不变　　　　　　B. 周期变化　　　　　C. 瞬时变化

（2）能保持准确传动比的传动是（　　　）。

    A. V带传动　　　　　　B. 链传动　　　　　　C. 齿轮传动

（3）产生渐开线的圆是（　　　）。

    A. 分度圆　　　　　B. 齿根圆　　　　　C. 齿顶圆　　　　　D. 基圆

（4）渐开线齿轮的齿廓曲线形状取决于（　　　）。

    A. 分度圆　　　　　B. 齿顶圆　　　　　C. 齿根圆　　　　　D. 基圆

（5）某对齿轮传动的传动比为5，则表示（　　　）。

    A. 主动轴的转速是从动轴转速的5倍　　　B. 主动轴与从动轴的转速差为5

    C. 从动轴的转速是主动轴转速的5倍　　　D. 主动轴与从动轴的转速和为5

（6）能够实现两轴转向相同的齿轮机构是（　　　）。

    A. 外啮合圆柱齿轮机构　　　　　　　　　B. 内啮合圆柱齿轮机构

    C. 圆锥齿轮机构　　　　　　　　　　　　D. 蜗杆蜗轮机构

（7）在渐开线标准直齿圆柱齿轮中，以下四个参数中（　　　）决定了轮齿的大小及齿轮的承载能力。

    A. 齿数　　　　　B. 模数　　　　　C. 压力角　　　　　D. 齿顶高系数

（8）相邻两轮齿同侧齿廓在分度圆上的弧长称为（　　　）。

    A. 齿厚　　　　　B. 齿距　　　　　C. 槽宽　　　　　D. 齿宽

（9）一对齿轮要正确啮合，必须相等的参数是（　　　）。

    A. 直径　　　　　B. 齿数　　　　　C. 宽度　　　　　D. 模数

（10）在标准直齿圆柱齿轮中，模数与齿数的乘积等于（　　　）。

    A. 齿顶圆直径　　　B. 基圆直径　　　C. 分度圆直径　　　D. 齿根圆直径

（11）一标准直齿圆柱齿轮的齿顶圆与齿根圆的径向距离为9mm，齿数z=20，它的分度圆直径是（　　　）mm。

    A. 20　　　　　B. 40　　　　　C. 60　　　　　D. 80

（12）下列标准直齿圆柱齿轮，其压力角都为20°，已知：

    齿轮1　z_1=23，d_{a1}=225mm　　　　齿轮2　z_2=72，P=31.4mm

    齿轮3　z_3=20，d_{f3}=140mm　　　　齿轮4　z_4=22，d=220mm

    可以正确啮合的一对齿轮是（　　　）。

    A. 齿轮1和齿轮2　　　　　　　　　　　B. 齿轮1和齿轮3

    C. 齿轮2和齿轮4　　　　　　　　　　　D. 齿轮3和齿轮4

（13）一对渐开线斜齿圆柱齿轮啮合时，齿廓上接触线的长度（　　　）。

    A. 逐渐由小到大　　B. 逐渐由大到小　　C. 逐渐由小到大再到小　　D. 始终定值

（14）斜齿轮传动不（　　　）。

    A. 适宜于大功率传动　　　　　　　　　　B. 适宜于高速传动

C. 产生轴向力　　　　　　　　　　　　D. 能当作变速滑移齿轮

（15）无轴向力产生、传动最平稳、噪声最小的是（　　）传动。

A. 斜齿圆柱齿轮　　　B. 直齿圆柱齿轮　　　C. 直齿锥齿轮　　　D. 人字齿

（16）选用（　　）制造的齿轮组织均匀细密，强度高，韧性好，便于热处理。

A. 铸铁　　　　　　　B. 铸钢　　　　　　　C. 锻钢　　　　　　D. 非金属材料

（17）一直径为 300mm 的齿轮，其制造工艺过程是：加工齿坯、滚齿、渗碳、淬火、低温回火和磨齿，则该齿轮的材料是（　　）。

A. 20CrMnTi　　　　　B. 40Cr　　　　　　　C. 45　　　　　　　D. Q235

（18）制造一般机械中的齿轮（圆周速度小于 3m/s），加工时齿轮传动精度通常选用（　　）。

A. 6 级　　　　　　　B. 7 级　　　　　　　C. 8 级　　　　　　D. 9 级

（19）范成法加工标准齿轮时，为了不产生根切现象，规定最少齿数不小于（　　）。

A. 14　　　　　　　　B. 15　　　　　　　　C. 16　　　　　　　D. 17

（20）一般润滑良好的闭式齿轮传动的失效形式主要是（　　）。

A. 轮齿折断　　　　　B. 齿面点蚀　　　　　C. 齿面磨损　　　　D. 齿面胶合

3. 判断题（对的打 √，错的打 ✘）

（1）齿轮传动是靠轮齿直接啮合来传递运动和动力的。　　　　　　　　　　　　（　　）

（2）齿轮传动最突出的优点是传动比恒定不变。　　　　　　　　　　　　　　　（　　）

（3）直齿圆柱齿轮的标准模数和标准压力角都在分度圆上。　　　　　　　　　　（　　）

（4）模数 m 越大，轮齿的承载能力越大。　　　　　　　　　　　　　　　　　（　　）

（5）分度圆是齿轮尺寸的基准圆，标准齿轮分度圆上齿厚和槽宽相等。　　　　　（　　）

（6）不同齿数和模数的标准渐开线齿轮，其分度圆上的压力角也不同。　　　　　（　　）

（7）因斜齿圆柱齿轮的轮齿是斜的，传动平稳性比直齿圆柱齿轮差。　　　　　　（　　）

（8）用仿形法加工齿轮，有可能造成轮齿的根切。　　　　　　　　　　　　　　（　　）

（9）常用齿轮传动精度是 6~9 级。9 级齿轮传动精度比 6 级齿轮传动精度高。　（　　）

（10）锻钢齿轮与铸钢齿轮比较，它的强度高，韧性好。　　　　　　　　　　　（　　）

4. 简述与实践题

（1）何为齿轮传动？齿轮传动有何特点？

（2）何为模数？单位是什么？当齿轮的齿数不变时，模数与齿轮的几何尺寸、轮齿的大小和齿轮的承载能力有什么关系？

（3）已知相啮合的一对标准直齿圆柱齿轮，主动轮转速 n_1=900r/min，从动轮转速 n_2=300r/min，中心距 a=400mm，模数 m=10mm。试计算：① 传动比 i_{12}；② 两齿轮齿数 z_1 和 z_2；③ 小齿轮分度圆直径 d_1 和齿距 P。

（4）现需要修复一个标准圆柱齿轮，已知齿数 z=25，测得齿根圆直径 d_f=112.5mm，试计算这个齿轮的 d、d_a、h_a、h_f 和 P。

（5）某机械设备需要一对齿轮传动，中心距为 144mm，传动比为 2。现库存 4 种正常渐开线标准齿轮。请分析表 2-12 中序号 1~4 的 4 种齿轮中能否选出一对符合要求的齿轮传动。

表 2-12

序号	齿数（z）	压力角（α）	齿顶圆（d_a）	齿顶高系数（h_a^*）	模数（m）	请将符合要求的打√
1	24	20	104	1	4	
2	47	20	196	1	4	
3	48	20	250	1	5	
4	48	20	200	1	4	

（6）一对渐开线标准直齿圆柱齿轮外啮合传动，已知传动比 i=2.5，齿轮模数 m=10mm，小齿轮齿数 z_1=40。试计算：①从动轮分度圆直径、齿顶圆直径；②标准安装的中心距。

（7）已知一对标准直齿圆柱齿轮，减速传动，转向相同。小齿轮转速 n_1=1450r/min，齿数 z_1=20，大齿轮 d_2=250mm，两齿轮中心距 a=75mm。求 n_2、m、z_2、d_{f1}、d_{a2}。

（8）一对内啮合标准直齿圆柱齿轮，顶隙 C=1mm，中心距 a=80mm，i=3，从动轮转速 n_2=300 r/min，试计算：主动轮转速 n_1，大齿轮的基圆直径、齿距、齿顶高。

2.5 蜗杆传动

蜗杆传动是由蜗杆和蜗轮相啮合（图 2-93），用来传递空间两轴交错呈 90° 的运动和动力的装置。蜗杆传动一般作减速传动，即蜗杆为主动件，蜗轮为从动件。

与齿轮传动相比，蜗杆传动主要有以下特点。

① 传动比大，结构紧凑。用于动力传递时，传动比可达 8~80；用于运动传递时，传动比可达 1000。蜗杆传动体积小，重量轻，结构紧凑。

知识链接

蜗杆传动的传动比

蜗杆传动的传动比 i 是蜗杆转速 n_1 与蜗轮转速 n_2 之比，也等于蜗轮齿数 z_2 与蜗杆头数 z_1 之比，即

$$i = \frac{n_1}{n_2} = \frac{z_2}{z_1}$$

蜗杆头数少时，效率低，易得到大的传动比。为提高效率，通常增大蜗杆头数，但制造难度增大。常用蜗杆的头数为 1、2、4、6。

蜗轮齿数由传动比和蜗杆头数决定。齿数越多，蜗轮的尺寸越大，蜗杆轴也相应增长而刚度下降，故蜗轮齿数不宜多于100齿。但为避免蜗轮根切，保证传动平稳性，蜗轮的齿数应不少于28齿，一般取32~80。

② 传动平稳，噪声、振动小。这是由于蜗杆上的齿是连续不断的螺旋齿，蜗轮轮齿和蜗杆是逐渐进入啮合并逐渐退出啮合的，同时啮合的齿数较多。

③ 具有自锁性能，使用安全可靠。蜗杆设计中导程角小于啮合面摩擦角时，蜗杆传动具有自锁性，

只能蜗杆带动蜗轮转动，蜗轮不能带动蜗杆，运动不具有可逆性。机械起重设备中利用这一特性，可防止重物因自重而下坠，起到安全保险的作用。

④ 摩擦发热大，传动效率低。因蜗杆在啮合处有较大的相对滑动，故发热量大，效率低。传动效率一般为 0.7~0.8，蜗杆传动仅为 0.4。

⑤ 制造蜗轮的材料较昂贵，成本较高。

因此，蜗杆传动主要用于传动比大，传动功率不大，作间歇运动的场合，广泛用于机床、汽车、矿山机械、起重机械（图 2-94）、仪器及其他机械设备中。如机床分度器（图 2-95）、汽车转向器、电梯、自动扶梯、电动伸缩门等。

图 2-93　蜗杆传动

图 2-94　手动起重机

图 2-95　机床分度器

 交流与讨论

1. 与齿轮传动相比较，蜗杆传动最突出的特点是什么？
2. 钓鱼竿、手动升降晾衣架上应用了蜗杆传动的什么特性？

 蜗杆传动的类型

根据蜗杆的形状不同，蜗杆传动可分为圆柱蜗杆传动、环面蜗杆传动和锥蜗杆传动，见表 2-13。其中应用最多的是圆柱蜗杆传动。

表 2-13　蜗杆的分类

类　型	圆柱蜗杆传动	环面蜗杆传动	锥蜗杆传动
实物图			

续表

类　型	圆柱蜗杆传动	环面蜗杆传动	锥蜗杆传动
运动简图	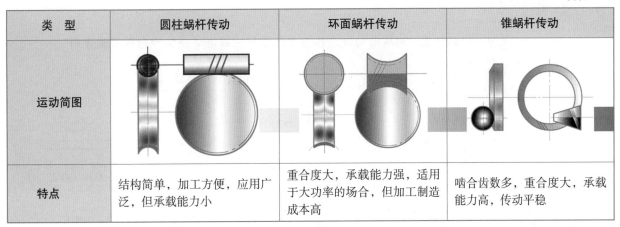		
特点	结构简单，加工方便，应用广泛，但承载能力小	重合度大，承载能力强，适用于大功率的场合，但加工制造成本高	啮合齿数多，重合度大，承载能力高，传动平稳

　　圆柱蜗杆依据加工方法不同又可分为阿基米德蜗杆、渐开线蜗杆、法向直廓蜗杆、圆弧圆柱蜗杆等多种类型。本节只讨论应用最广的阿基米德蜗杆传动。

 ## 蜗杆传动的旋转方向

1. 蜗杆螺旋方向的判定

　　蜗杆螺旋方向可用右手法则判定，其方法如图 2-96 所示，手心对着自己，四个手指顺着蜗杆的轴线方向，若齿向与右手拇指指向一致，则该蜗杆或蜗轮为右旋，反之为左旋。

右旋蜗杆

左旋蜗杆

图 2-96　蜗杆螺旋方向判定

2. 蜗轮旋转方向的判定

　　蜗杆传动中，蜗轮的转动方向不仅与蜗杆转动方向有关，而且与其螺旋方向有关。蜗轮的旋向用左、右手法则判定，其方法如图 2-97 所示，当蜗杆是右旋（或左旋）时，伸出右手（或左手）半握拳，用四指顺着蜗杆的旋转方向，蜗轮的旋转方向与大拇指指向相反。

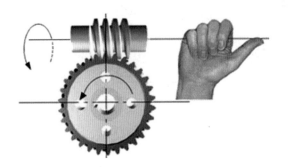
(a) 右旋蜗杆传动

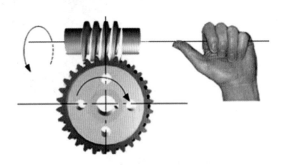
(b) 左旋蜗杆传动

图 2-97　蜗轮旋转方向的判定

交流与讨论

判定图2-98所示的蜗杆传动中的蜗杆、蜗轮的旋转方向或螺旋方向。

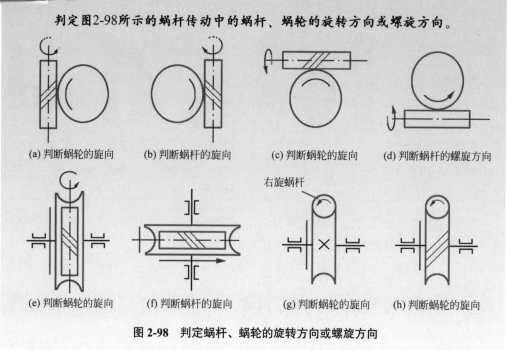

(a) 判断蜗轮的旋向   (b) 判断蜗杆的旋向   (c) 判断蜗轮的旋向   (d) 判断蜗杆的螺旋方向

(e) 判断蜗轮的旋向   (f) 判断蜗杆的旋向   (g) 判断蜗轮的旋向   (h) 判断蜗轮的旋向

图 2-98　判定蜗杆、蜗轮的旋转方向或螺旋方向

蜗杆传动的基本参数

通过蜗杆轴线并与蜗轮轴线垂直的平面为中间平面。在中间平面内蜗杆与蜗轮的啮合相当于齿条与齿轮的啮合，如图 2-99 所示。蜗杆传动的基本参数和主要几何尺寸是在中间平面内确定的。

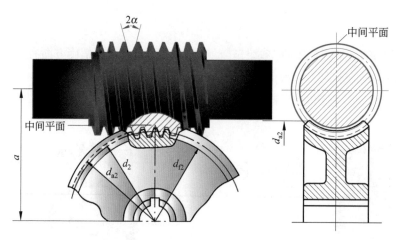

图 2-99　蜗杆传动的基本参数

1. 模数 m 和压力角 α

在中间平面上，蜗杆的轴向模数和蜗轮的端面模数应相等，即 $m_1 = m_2$，并符合表 2-14 的标准值。同时，

蜗杆的压力角与蜗轮的端面压力角应相等，即 $\alpha_1 = \alpha_2 = 20°$。

2. 蜗杆的分度圆直径 d_1

由于蜗轮常用与蜗杆形状相仿的滚刀范成切齿，为了限制滚刀的数量，使滚刀规格标准化，对每一种模数的蜗杆，规定了1~4种蜗杆分度圆直径 d_1，使之相互匹配。圆柱蜗杆传动的分度圆直径 d_1 与模数 m 匹配的标准系列见表2-14。

表2-14 标准模数和分度圆直径（摘自 GB/T 10088—1988） 单位：mm

模数m	1	1.25	1.6	2	2.5	3.15	4	5
分度圆直径d_1	18	20	20	（18）	（22.4）	（28）	（31.5）	（40）
				22.4	28	35.5	40	50
		22.4	28	（28）	（35.5）	（45）	（50）	（63）
				35.5	45	56	70	90

模数m	6.3	8	10	12.5	16	20	25	
分度圆直径d_1	（50）	（63）	（71）	（90）	（112）	（140）	（180）	
	63	80	90	112	140	160	200	
	（80）	（100）	（112）	（140）	（180）	（224）	（280）	
	112	140	160	200	250	315	400	

3. 蜗杆的导程角 λ 与蜗轮的螺旋角 β

蜗杆的导程角是指圆柱螺旋线的切线与端平面之间所夹的锐角，如图2-100所示。蜗轮轮齿和斜齿轮相似，轮齿的旋向与轴线之间的夹角称为螺旋角，用 β 表示。规定蜗杆分度圆柱面上的导程角 λ 应等于蜗轮分度圆柱面上的螺旋角 β，且两者的螺旋方向必须相同。

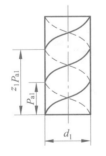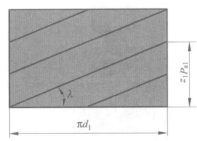

图2-100 蜗杆导程角

 蜗杆传动的材料和结构

1. 蜗杆的结构和材料

通常将蜗杆与轴制成一体，称为蜗杆轴，其结构分为无退刀槽（图2-101（a），螺旋部分只能铣削）

和有退刀槽（图 2-101（b），螺旋部分可用车削或铣削）两种。在个别情况下（螺杆齿根圆直径／轴径≥1.7）采用蜗杆齿圈装配在轴上。

蜗杆一般用碳钢或合金钢制成，常用材料为 40、45 钢或 40Cr，并进行调质处理（硬度为 220~250HBC）。高速重载蜗杆常选用 20 或 20CrMnTi、20MnVB，并进行渗碳、淬火和低温回火（硬度为 40~50HRC）。

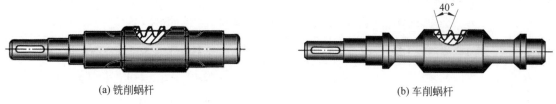

(a) 铣削蜗杆   (b) 车削蜗杆

图 2-101　蜗杆结构

2. 蜗轮的材料和结构

蜗轮通常采用摩擦因数较低、抗胶合性能较好的锡青铜制造（如 ZCuSn10P1）；当滑动速度较低时，可选用价格较低的铝青铜（如 ZCuAl9Mn2）制造；低速时可采用灰铸铁（如 HT150、HT200）制造。蜗轮的结构形式有整体式和组合式两种。

当直径小于 100mm 时，可用青铜铸成整体或当滑动速度 $v_s \leqslant 2m/s$ 时，采用铸铁铸成整体式（图 2-102（a））。

尺寸较大的蜗轮，为了节约有色金属，常采用组合式结构，即齿圈采用青铜材料，而轮芯用铸铁的制造。齿圈与轮芯的连接方式有以下 3 种。

① 螺栓连接式：对于尺寸较大或容易磨损的蜗轮，做成图 2-102（b）所示的结构，采用螺栓连接。

② 齿圈式：青铜齿圈和铸铁轮芯采用过盈配合后，再用螺钉固定，如图 2-102（c）所示。

③ 镶铸式：将青铜轮缘浇铸在铸铁轮芯上（图 2-102（d）），常用于批量生产的蜗轮。

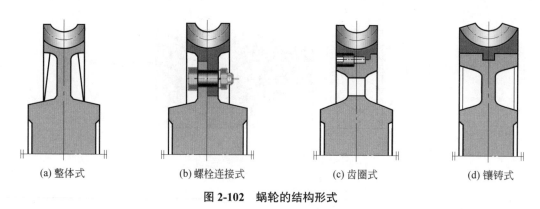

(a) 整体式   (b) 螺栓连接式   (c) 齿圈式   (d) 镶铸式

图 2-102　蜗轮的结构形式

蜗杆传动的失效形式

由于蜗杆传动齿面间的相对滑动速度较大，磨损和功率损耗大，所以发热量大。蜗杆螺旋部分的强度又比蜗轮轮齿的强度高,故一般开式传动的失效主要是由于润滑不良、润滑油不洁造成的齿面磨损;而润滑良好的闭式传动的失效形式主要是胶合。

活动与探究

调查当地的厂矿企业中蜗杆传动在实际生产中的应用,写出调查报告。

练习与实践

1. 填空题

(1)蜗杆传动由_____和_____相啮合,传递_____的运动和动力。

(2)蜗杆传动时,传动平稳,噪声、振动小,这是因为_____。

(3)蜗杆自锁机构是指只能由_____带动_____,反之就无法传动。

(4)当蜗杆的线数为 2 时,蜗杆传动一周,使蜗轮转过_____齿。

(5)一蜗杆传动中,已知蜗杆头数 $z_1=2$,转速 $n_1=1550r/min$,蜗轮齿数 $z_2=62$,则蜗轮转速 $n_2=$_____。

(6)蜗轮的旋转方向,不仅与蜗杆的_____有关,而且与蜗杆的_____有关。

(7)在带传动、链传动、齿轮传动和蜗杆传动中,传动比不准确的是_____,传动比准确的是_____,能获得大传动比的是_____。

2. 选择题

(1)下列不是蜗杆传动的特点是( )。

    A. 结构紧凑,传动比大   B. 传动平稳无噪声

    C. 能自锁   D. 传动效率高

(2)要实现很大的传动比,达到大幅降速,应采用( )。

    A. 带传动   B. 螺旋传动   C. 齿轮传动   D. 蜗杆传动

(3)蜗杆传动中,应用最广泛的圆柱蜗杆是( )。

    A. 渐开线蜗杆   B. 阿基米德蜗杆

    C. 法向直廓蜗杆   D. 圆弧圆柱蜗杆

(4)在蜗杆传动设计中,蜗杆头数 z 选多一些,则( )。

    A. 有利于蜗杆加工   B. 有利于提高蜗杆刚度

    C. 有利于提高传动的承载能力   D. 有利于提高传动效率

(5)图 2-103 中判定不正确的是( )。

 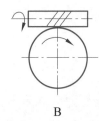 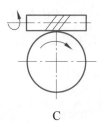 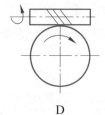

A   B   C   D

图 2-103

（6）对普通蜗杆传动，主要计算（　　）的参数。

    A. 中间平面　　　　　B. 法平面　　　　　C. 端面　　　　　D. 轴向截面

（7）蜗轮的螺旋角 β 与蜗杆（　　），才能正确啮合。

    A. 分度圆处的导程角 λ 大小相等，方向相反

    B. 分度圆处的导程角 λ 大小相等，方向相同

    C. 齿顶圆处的导程角 λ 大小相等，方向相反

    D. 齿顶圆处的导程角 λ 大小相等，方向相同

（8）制造蜗杆与蜗轮，最理想的材料组合是（　　）。

    A. 钢和钢　　　　　　B. 青铜和青铜　　　　　C. 钢和青铜

3. 判断题（对的打 ✓，错的打 ✗）

（1）蜗杆传动具有自锁性，只能蜗杆带动蜗轮转动，蜗轮不能带动蜗杆。　　　　（　　）

（2）蜗杆与蜗轮的轴线在空间互相垂直交错为 90°。　　　　（　　）

（3）蜗杆传动与齿轮传动相比，具有结构紧凑、传动比大的特点。　　　　（　　）

（4）蜗杆的头数越多，蜗杆传动效率越低。　　　　（　　）

（5）一般蜗轮材料多采用摩擦系数较低、抗胶合性能较好的青铜制造。　　　　（　　）

4. 简述题

（1）蜗杆传动与齿轮传动相比有何特点？常用于什么场合？

（2）与齿轮传动比较，为什么蜗杆传动平稳，振动小，噪声低？

2.6　轮系和减速器

齿轮传动中最简单的形式是由啮合的一对齿轮组成的传动机构，但在实际应用中，常常需要主动轴的较快转速转变为从动轴的较慢转速，或将主动轴的一种转速变为从动轴的多种转速，有时还要改变从动轴的旋转方向，此时依靠一对齿轮传动是不够的，为满足不同的工作需要，往往采用一系列相互啮合的齿轮（图 2-104）才能达到要求。这种由两个以上相互啮合的齿轮所组成的传动系统称为轮系。

轮系能够获得很大的传动比，可用于远距离传动，实现运动的变速与变向，实现运动的合成与分解等。因此，轮系在工程上的应用非常广泛，如汽车变速器（图 2-105）、金属切削机床等中都有轮系的应用。

图 2-104　轮系

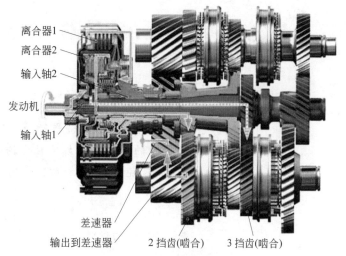

离合器1
离合器2
输入轴2
发动机
输入轴1
差速器
输出到差速器
2 挡齿(啮合)
3 挡齿(啮合)

图 2-105　大众汽车变速器中的轮系

轮系的分类

轮系的结构形式较多，根据传动时各齿轮的几何轴线位置是否固定，轮系可分为定轴轮系和周转轮系两大类。

1. 定轴轮系

在轮系运转中，每个齿轮的几何轴线的位置相对于机架都是固定不变的，称为定轴轮系。图 2-106 所示为各齿轮的轴线相互平行的平面定轴轮系，图 2-107 所示为各齿轮轴线相互不平行的空间定轴轮系。

2. 周转轮系

在轮系中，至少有一个齿轮的几何轴线绕另一齿轮的几何轴线转动，称为周转轮系。如图 2-108 所示，齿轮 2 在绕自己的轴线自转的同时还随其轴绕齿轮 1 的轴线转动。

图 2-106　平面定轴齿轮系

图 2-107　空间定轴轮系

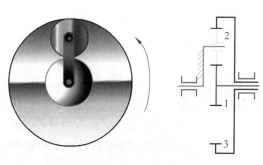

图 2-108　周转轮系

定轴轮系的传动比计算

你知道吗

对于主动轴与从动轴平行的轮系中，各轮的转向均可用正、负号表示。图2-68所示的外啮合直齿圆柱齿轮传动中，设主动轮1的转速和齿数分别为 n_1、z_1，从动轮2的转速和齿数分别为 n_2、z_2，因两轮转向相反，规定传动比为负，即

$$i_{12} = \frac{n_1}{n_2} = -\frac{z_2}{z_1}$$

图2-69所示的内啮合直齿圆柱齿轮传动中，两轮转向相同，规定传动比为正，即

$$i_{12} = \frac{n_1}{n_2} = +\frac{z_2}{z_1}$$

在图2-109所示的平面定轴轮系中，有三对齿轮外啮合、一对齿轮内啮合。在轮系的运动过程中，每个齿轮的轴线位置都保持不变。轮1，2，3，…，7的齿数分别用 z_1, z_2, z_3, …, z_7 表示，各轮的转速分别用 n_1, n_2, n_3, …, n_7 表示。传动路线：

$$\frac{z_2}{z_1} \rightarrow \frac{z_4}{z_3} \rightarrow \frac{z_6}{z_5} \rightarrow \frac{z_7}{z_6}。$$

依据一对互相啮合齿轮的转速之比等于其齿数的反比，则轮系中各对啮合齿轮的传动分别为

$$i_{12} = \frac{n_1}{n_2} = -\frac{z_2}{z_1}, \quad i_{34} = \frac{n_3}{n_4} = +\frac{z_4}{z_3}$$

$$i_{56} = \frac{n_5}{n_6} = -\frac{z_6}{z_5}, \quad i_{67} = \frac{n_6}{n_7} = -\frac{z_7}{z_6}$$

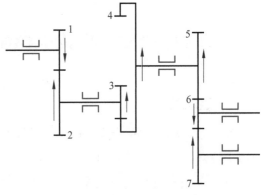

图 2-109 平面定轴轮系

若将以上各式的两端分别连乘起来，可得到总传动比：

$$i_{17} = \frac{n_1}{n_2} \times \frac{n_3}{n_4} \times \frac{n_5}{n_6} \times \frac{n_6}{n_7} = \left(-\frac{z_2}{z_1}\right) \times \left(+\frac{z_4}{z_3}\right) \times \left(-\frac{z_6}{z_5}\right) \times \left(-\frac{z_7}{z_6}\right)$$

由于（安装在）同一根轴的齿轮转速相等，$n_2 = n_3$，$n_4 = n_5$，因此总传动比为

$$i_{17} = \frac{n_1}{n_7} = (-1)^3 \times \frac{z_2 z_4 z_6 z_7}{z_1 z_3 z_5 z_6}$$

上式表明，该定轴轮系的传动比等于首轮与末轮的转速之比，也等于轮系中所有从动轮齿数的连乘积与所有主动轮齿数的连乘积之比。

交流与讨论

假设一般轮系的首轮（主动轮）的转速为 n_1，末轮（从动轮）的转速为 n_k，平行轴间的齿轮外啮合对数为 m，你总结出的平面定轴轮系传动比计算公式为

$$i_{1k} = \underline{\qquad\qquad} = \underline{\qquad\qquad\qquad\qquad}$$

齿轮1和齿轮7的转向相同还是相反，取决于轮系中外啮合的对数。式中 $(-1)^3$ 表示轮系中外啮合齿轮共有3对，$(-1)^3 = -1$ 表示齿轮1与齿轮7的转向相反。

你知道吗？

定轴轮系从动轮转向判断方法

（1）平面定轴轮系，任意一级从动轮的转向。

① 可以通过在图上依次标注箭头来确定。

② 也可通过首末两轮传动比计算结果确定，计算结果为正，两轮的回转方向相同；计算结果为负，两轮的回转方向相反。

（2）空间定轴轮系（含有锥齿轮、蜗杆蜗轮、齿条的轮系），主动轮、从动轮间不存在转向相同或相反的问题，其旋向采用标注箭头的方式来确定。

在图 2-110 所示轮系中，齿轮2同时与齿轮1和齿轮3啮合，具有双重作用。对于齿轮1来说，它是从动轮；而对于齿轮3来说，它又是主动轮。根据传动比计算公式，整个轮系的传动比为

$$i_{13} = \frac{n_1}{n_3} = \frac{z_2}{z_1} \times \frac{z_3}{z_2} = \frac{z_3}{z_1}$$

从传动比计算和齿轮旋转方向可以发现：齿轮2的齿数是多少，对总传动比大小毫无影响，但它能改变从动轮的转向。像这种只改变从动轮的转向，不改变传动比大小的齿轮称为惰轮（图 2-110）。惰轮常用于传动距离稍远和需要改变转向的场合。

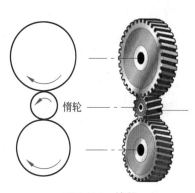

惰轮

图 2-110 惰轮

交流与讨论

两齿轮间若有奇数个惰轮时，首、末两轮的转向_____；
两齿轮间若有偶数个惰轮时，首、末两轮的转向_____。

例1 如图 2-111 所示的轮系中，已知各个齿轮的齿数分别为 $z_1 = 20$，$z_2 = 18$，$z_3 = 25$，$z_4 = 19$，$z_5 = 57$，$z_6 = 21$，$z_7 = 40$，$z_8 = 25$，$z_9 = 40$，齿轮1的转速 $n_1 = 800$r/min。试求传动比 i_{19} 和齿轮9的转速，并判断齿轮9的回转方向。

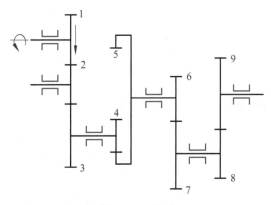

图 2-111 轮系

解题思路：由于该轮系是平行轴定轴轮系，故旋转方向既可以根据传动比正负确定，又可用箭头来表示。传动路线：$\frac{z_2}{z_1} \rightarrow \frac{z_3}{z_2} \rightarrow \frac{z_5}{z_4} \rightarrow \frac{z_7}{z_6} \rightarrow \frac{z_9}{z_8}$。

解：传动比

$$i_{19} = (-1)^4 \frac{z_2 z_3 z_5 z_7 z_9}{z_1 z_2 z_4 z_6 z_8}$$

$$= (-1)^4 \frac{18 \times 25 \times 57 \times 40 \times 40}{20 \times 18 \times 19 \times 21 \times 25} = 11.43$$

齿轮9的转速

$$n_9 = \frac{n_1}{i_{19}} = \frac{800}{11.43} = 70(\text{r/min})$$

齿轮9的回转方向：① 传动比为正，转向与齿轮1相同；② 用箭头表示（请同学们试着自己完成）。

例2 图2-112为一卷扬机的传动系统，末端为蜗杆传动。已知各个齿轮的齿数分别为$z_1=18$，$z_2=36$，$z_3=20$，$z_4=40$，$z_5=2$，$z_6=50$，鼓轮直径$D=200$mm，$n_1=1000$r/min。试求蜗轮的转速n_6和重物G的移动速度v，并确定提升重物时n_1的回转方向。

解题思路：由于该轮系是空间定轴轮系，不能根据传动比正负确定旋转方向，只能用箭头来表示。传动路线：$\frac{z_2}{z_1} \rightarrow \frac{z_4}{z_3} \rightarrow \frac{z_6}{z_5}$。

解：

$$i_{16} = \frac{z_2 z_4 z_6}{z_1 z_3 z_5} = \frac{36 \times 40 \times 50}{18 \times 20 \times 2} = 100$$

$$n_6 = \frac{n_1}{i_{16}} = \frac{1000}{100} = 10(\text{r/min})$$

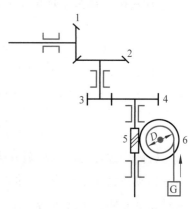

图2-112 卷扬机传动系统

重物G的移动速度 $v = \pi D n_6 = 3.14 \times 200 \times 10 = 6280(\text{mm/min}) = 6.280(\text{m/min})$

由重物G可确定蜗轮回转方向，根据蜗杆为右旋，可确定蜗杆从左向右旋转，再用画箭头的方法即可确定n_1的回转方向，请同学们试着自己完成。

例3 如图2-113所示的轮系中，轴Ⅰ转速$n_1=60$r/min，$z_1=54$，$z_2=20$，$z_3=18$，$z_4=30$，$z_5=2$，$z_6=40$，$z_7=40$，$z_8=80$。螺纹代号Tr24×12(P6)LH中，Tr表示公称直径为24mm、导程为12mm的左旋梯形螺纹。请解答：①该轮系包含哪些传动？②齿条最小移动速度，并判断齿条的移动方向；③工作台的最大移动速度，并判断工作台的移动方向。

分析：轮系中滑移齿轮2与齿轮4啮合时，轴Ⅱ减速，且$n_4=n_5=n_7$；滑移齿轮1与齿轮3啮合时，轴Ⅱ增速，且$n_3=n_5=n_7$。

解：① 该空间定轴轮系包含齿轮传动、蜗杆传动、齿条传动及螺旋传动（螺杆原位回转，螺母做直线移动）。

② 据题意，滑移齿轮2与齿轮4啮合时，齿条移动速度最小，其传动路线为

$$\frac{z_4}{z_2} \rightarrow \frac{z_8}{z_7}$$

$$i_{28} = \frac{z_4 z_8}{z_2 z_7} = \frac{30 \times 80}{20 \times 40} = 3$$

$$n_8 = \frac{n_1}{i_{28}} = \frac{60}{3} = 20(\text{r/min})$$

齿条移动速度 $v=n_8\pi mz=20\times3.14\times2\times20=2512(\text{mm/min})=2.512(\text{m/min})$

依据 n_8 的回转方向可知，齿条传动中的小齿轮向上旋转，则齿条向下移动。

③据题意，滑移齿轮 1 与齿轮 3 啮合时，工作台移动速度最大，其传动路线为

$$\frac{z_3}{z_1} \to \frac{z_6}{z_5}$$

$$i_{16} = \frac{z_3 z_6}{z_1 z_5} = \frac{18\times40}{54\times2} = \frac{20}{3}$$

$$n_6 = \frac{n_1}{i_{16}} = \frac{60}{\frac{20}{3}} = 9\,(\text{r/min})$$

工作台移动速度 $v=n_6 P_h=9\times12=108\ (\text{mm/min})$

依据蜗轮 6 向左旋转及螺杆原位回转，螺母作直线移动判定法则可知，工作台向下移动。

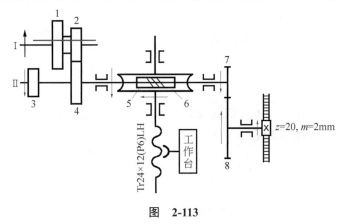

图 2-113

减速器

减速器是用于原动机和工作机之间减速的装置。它由封闭在箱体内的齿轮传动或蜗杆传动组成，具有固定传动比。图 2-114 是减速器传动简图，图中电动机经带传动带动齿轮减速器的输入轴，齿轮减速器输出轴端装有联轴器，通过联轴器带动工作机械。减速器的作用是降低转速，并相应地增大转矩，以满足工作需要。图 2-115 为一级齿轮减速器分解图，图 2-116 为下置式蜗杆减速器。

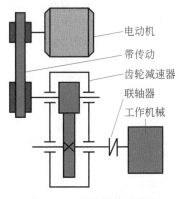

图 2-114　减速器传动简图　　图 2-115　一级齿轮减速器分解图　　图 2-116　下置式蜗杆减速器

减速器具有结构紧凑，效率高，传递运动准确可靠，使用维护方便，寿命长等优点，因而应用极为广泛。

1. 减速器的类型

减速器的类型很多，按齿轮的类型可分为圆柱齿轮减速器、锥齿轮减速器、蜗杆减速器等；按传动级数可分为单级、两级、三级和多级减速器；按轴在空间的配置方式分为立式和卧式两种；按传动的布置形式可分为展开式、分流式和同轴式。常用减速器的类型、特点及应用见表 2-15。

表 2-15　常用减速器的类型、特点及应用

类　型	级　数	简　图	特点及应用
圆柱齿轮减速器	单级	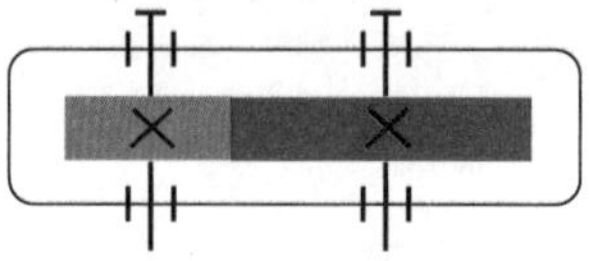	用于平行轴间的传动。结构简单，效率高，功率大，寿命长，维护方便。传动比 $i \leqslant 8$
	两级	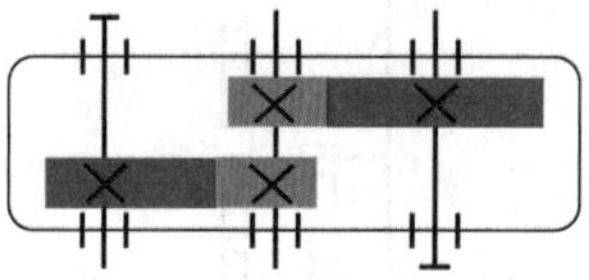 展开式	结构简单、紧凑，应用最广，但因齿轮布置不对称，会引起轮齿受力不均匀。该减速器用于载荷平衡的场合
		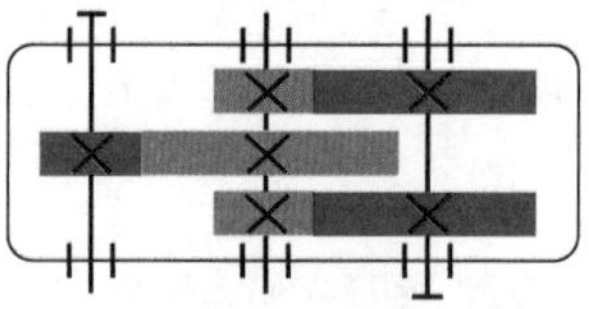 分流式	齿轮布置对称，轮齿受力均匀，轴向力能互相抵消。常用于承受重载和变载的场合
		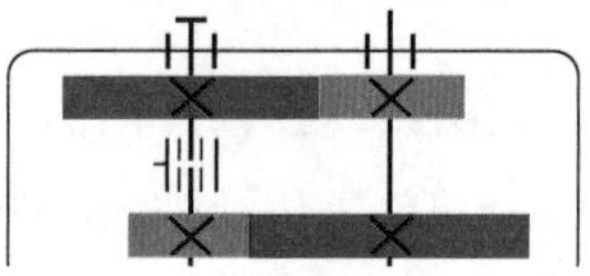 同轴式	径向尺寸紧凑，但轴向尺寸较大。常用于输入轴与输出轴位于同轴线安装的场合
锥齿轮减速器	单级	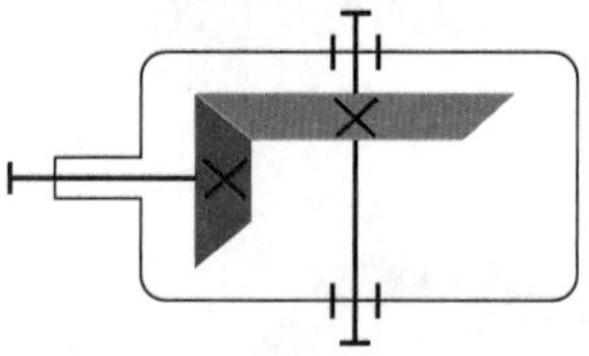	单级锥齿轮传动比 $i=1\sim5$。由于锥齿轮精度加工困难，安装也较复杂，所以仅在传动布置确有需要时才采用。用于输入轴与输出轴相交的传动
	两级	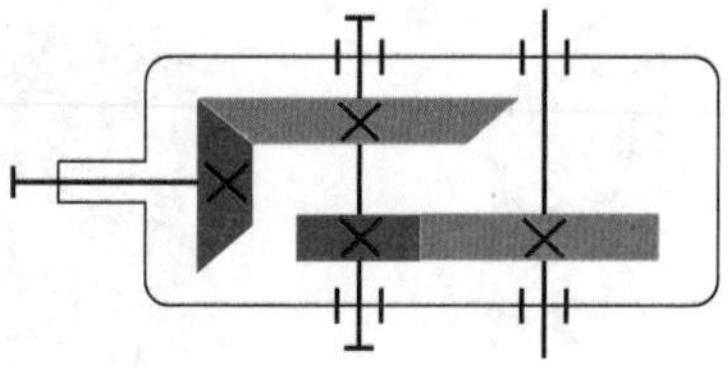	当需要较大传动比时，常用锥齿轮减速器。在锥齿轮减速器中，有一根轴须悬臂布置，刚性较差，常将锥齿轮安装在高速级，使锥齿轮尺寸不致过大，悬臂轴受力也能减小

续表

类　型	级　数	简　　图	特点及应用
蜗杆减速器	单级	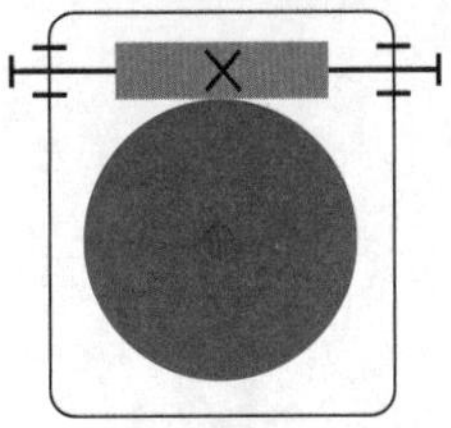 上置式	蜗杆在蜗轮上方,当蜗杆圆周速度$v>4\text{m/s}$时,应采取用上置式,以减少搅油损耗
		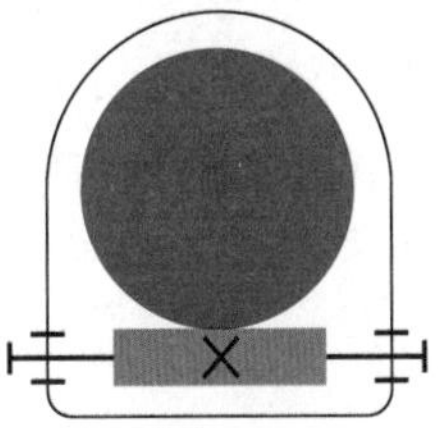 下置式	蜗杆在蜗轮下方,冷却润滑理想,但当蜗杆速度较大时,油的搅动损耗大,效率降低,故一般用于蜗杆圆周速度$v\leqslant4\text{m/s}$的场合
		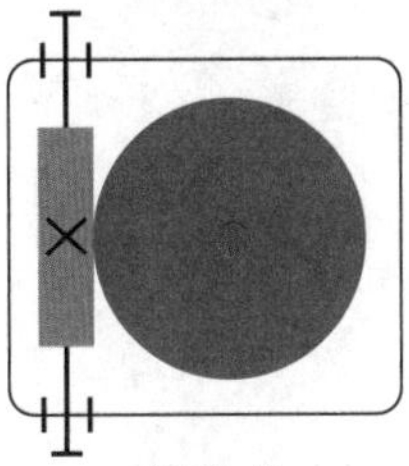 侧置式	蜗杆在蜗轮的侧面,且互相垂直。一般用于水平旋转机构的传动,如旋转起重机

2. 减速器的结构和标准

单级齿轮减速器的结构如图 2-111 所示,它主要由齿轮、轴、轴承、箱体等组成,此外还有若干附件。箱体常用材料为灰铸铁(HT150、HT200)。为便于安装,箱体通常做成剖分式,箱盖和箱座的剖分面应与齿轮轴线平面重合。装配时,在剖分面上不允许用垫片,否则将破坏轴承孔的圆度。剖分面应保证良好的密封性,以防止润滑油渗漏。

箱盖与箱座用螺栓连接,螺栓布置应合理,尽可能靠近轴承,并设置凸台,此外还应考虑扳手所需的活动空间。底座与场面用地脚螺栓连接。

为便于箱盖与底座的加工及定位,在剖分面上的长度方向两端各设置一个位置不对称的定位销。为便于拆卸和搬运,在箱盖及底座上设有吊耳或吊环螺钉。

箱盖上设有窥视孔,用于观察齿轮或蜗杆的啮合情况。箱座上装有油标,用以检查箱内的油量。

减速器作为一个独立的部件,它的主要参数已经标准化,并由专门工厂进行生产。下面介绍 JB 8852—2001 减速器标准。减速器的代号包括减速器的型号、低速级中心距、公称传动比、装配形式及专业标准号。减速器的型号用字母组合表示,ZDY、ZLY、ZSY 分别表示单级、两级、三级外啮合圆柱齿轮减速器(Y 表示硬齿面)。

代号示例：

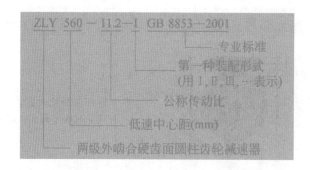

国家标准规定，减速器的中心距尾数为 0、5，常用的中心距如 100、125、160、200、……传动比 i 为 1.25、1.4、1.6、1.8、2.0、2.24、2.5、……传动比常用小数，其目的是使两齿轮的齿数互为质数，最好有一个齿数为质数，保证两齿轮都能交替地与另一个齿轮的轮齿啮合，以延长齿轮的使用寿命，达到寿命设计要求。

 活动与探究

拆装减速器

在老师指导下，学会正确拆装减速器。

（1）拆卸

① 仔细观察减速器的外部结构。

② 用扳手拆下窥视孔盖板。

③ 拆卸箱盖。

- 用扳手拆卸箱盖与箱座之间的连接螺栓，拆下定位销，然后拧松起盖螺钉，卸下箱盖；
- 仔细观察箱体内各零件的结构位置；
- 卸下轴承盖，将轴和轴上零件一起从箱座内取出，按合理的顺序拆卸轴上零件。

（2）装配

按原样将减速器装配好，装配时按先内后外的合理顺序进行，装配轴套和滚动轴承时，应注意方向，注意滚动轴承的合理装拆方法，经指导教师检查合格后才能合上箱盖，注意拧紧起盖螺钉，在装配箱盖和箱座之间的螺栓前应先安装好定位销，最后拧紧各个螺栓。

练习与实践

1. 填空题

（1）轮系是由_____的传动系统。

根据传动时各齿轮的几何轴线位置是否固定，轮系可分为_____和_____。

（2）旋转齿轮的几何轴线位置相对于机架均_____的轮系，称为定轴轮系。

（3）一对齿轮的传动比，若考虑两轮旋转方向的异同，可写成 $i = \dfrac{n_1}{n_2} = \pm$_____。

（4）定轴轮系的传动比是等于组成该轮系的所有_____齿数连乘积与_____齿数连乘积之比。其旋转方向可以用_____和_____确定。

（5）定轴轮系中的惰轮只能改变从动轮的_____，而不改变主从动轮间的_____。

（6）增加奇数个惰轮，首轮与末轮回转方向相_____；增加偶数个惰轮，首轮与末轮回转方向相_____。

（7）减速器是用于_____和_____之间的减速装置。减速器代号为 ZSY250–31.50–Ⅱ ZBJ 8853—2001。该减速器为_____级减速器，传动比为_____。

2. 选择题

（1）下列四项功能中，（　　）可以应用轮系得以实现。

① 两轴的较远距离的传动　　　　　　② 变速传动

③ 获得大的传动比　　　　　　　　　④ 实现合成和分解运动

A. ①②　　　　　　B. ①②③　　　　　　C. ②③④　　　　　　D. ①②③④

（2）定轴轮系的传动比等于组成该轮系各对啮合齿轮中（　　）之比。

A. 主动轮齿数的连乘积与从动轮齿数的连乘积

B. 主动轮齿数的连加与从动轮齿数的连加

C. 从动轮齿数的连乘积与主动轮齿数的连乘积

D. 从动轮齿数的连加与主动轮齿数的连加

（3）画箭头标注轮系旋转方向的不正确画法为（　　）。

A. 同轴齿轮的箭头方向画相反

B. 锥齿轮箭头画相对同一点或相背同一点

C. 一对外啮合圆柱齿轮箭头方向画相反，内啮合时箭头方向画相同

D. 蜗杆传动时蜗轮转向用左右手螺旋定则判别画出箭头方向

（4）图 2-117 为一对相互啮合的齿轮传动，齿轮 1 能绕齿轮 2 的轴线转动，它属于（　　）。

A. 定轴轮系　　　　　　B. 周转轮系　　　　　　C. 不是轮系

（5）图 2-118 所示机构为（　　）机构。

A. 只能变向　　　　　　　　　　　B. 只能变速

C. 既可变速又可变向　　　　　　　D. 不能变速或变向

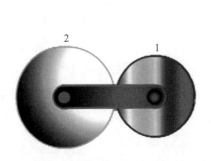

图　2-117

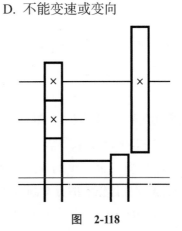

图　2-118

（6）图 2-119 为普通车床走刀系统的三星轮换向机构，该传动中，1 为主动轮，4 为从动轮，图示传动位置（　　）。

  A. 有 1 个惰轮，主、从轮转向相同　　　 B. 有 1 个惰轮，主、从轮转向相反

  C. 有 2 个惰轮，主、从轮转向相同　　　 D. 有 2 个惰轮，主、从轮转向相反

（7）如图 2-120 所示标准齿轮组成的齿轮系中，轮 3 为内啮合齿轮。若已知轮 1 和轮 3 的齿数分别为 z_1、z_3，则轮 2 的齿数 z_2 及轮 3 的转向为（　　）。

  A. $z_2=z_3-z_1$，轮 3 顺时针旋转　　　 B. $z_2=(z_3-z_1)/2$，轮 3 逆时针旋转

  C. $z_2=z_3-z_1/2$，轮 3 顺时针旋转　　　 D. $z_2=z_3-z_1/2$，轮 3 逆时针旋转

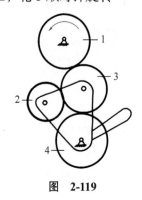 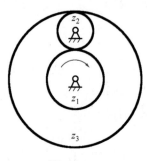

  图 2-119   图 2-120

（8）汽车的前进和倒退的实现是利用了轮系的（　　）。

  A. 主动轮　　　 B. 从动轮　　　 C. 惰轮　　　 D. 末端齿轮

（9）减速器型号中，ZLY 表示该减速器为（　　）。

  A. 单级减速器　　　 B. 两级减速器　　　 C. 三级减速器　　　 D. 四级减速器

3. 判断题（对的打 ✓，错的打 ✗）

（1）定轴轮系中，每个齿轮的几何轴线的位置相对于机架都是固定不变的。　　　　　　（　　）

（2）轮系传动比计算公式中的（-1）的指数 m 表示轮系中相啮合圆柱齿轮的对数。　　（　　）

（3）定轴轮系的传动比等于组成轮系的各对齿轮啮合的传动比的连乘积。　　　　　　（　　）

（4）在轮系中，惰轮既能改变传动比大小，又能改变转动方向。　　　　　　　　　　（　　）

（5）在齿轮副的主、从动轮间每增加一个惰轮，从动轮的回转方向就改变一次。　　　（　　）

（6）增加奇数个惰轮，首轮与末轮的转向相反。　　　　　　　　　　　　　　　　　（　　）

4. 计算与实践题

（1）如图 2-121 所示的定轴轮系中，齿轮 1 与齿轮 3 在同一轴线上。已知各标准齿轮的齿数为 $z_1=z_2=20$，$z_4=48$，$z_5=16$，$z_6=24$，$z_7=36$。试计算：齿轮 3 的齿数，并通过计算判定齿轮 7 的回转方向。

（2）由直齿圆锥齿轮 1 和齿轮 2，蜗杆 3 和蜗轮 4，标准直齿圆柱齿轮 5 和标准直齿圆柱齿轮 6 组成的传动系统如图 2-122 所示。其中圆锥齿轮 1 为主动件，按图示方向转动。已知 $z_1=20$，$z_2=20$，$z_3=1$（右旋），$z_4=60$，$z_5=25$，$z_6=50$，$m_6=5\text{mm}$，$n_1=960\text{r/min}$。请完成下列问题。

①计算标准直齿圆柱齿轮 5 的分度圆、齿根圆、齿顶圆直径。

② 计算齿轮6的转速，并判定齿轮6的回转方向。

③ 根据所受载荷，你认为轴 B 属于哪种类型的轴（心轴、转轴和传动轴）？

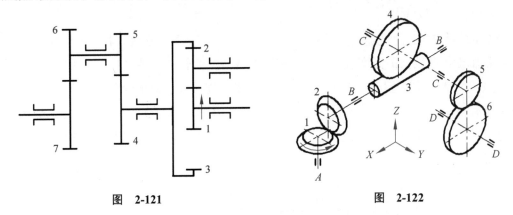

图 2-121　　　　　图 2-122

（3）图 2-123 为一带式输送机传动装置，已知 $n=960r/min$，减速器中各齿轮的齿数 $z_1=20$，$z_2=60$，$z_3=25$，$z_4=50$，链轮齿数 $z_5=9$，$z_6=18$，滚筒直径 $D=200mm$，请回答下列问题。

① 电动机轴与齿轮 z_1 轴用_____联接。（在"制动器、离合器、联轴器"中选择）

② 输送带的方向如图 2-123 所示，则电动机的转向为_____。（填写"向上"或"向下"）

③ 若 z_4 为模数等于 2mm 的标准直齿圆柱齿轮，则齿轮 z_3 的齿顶圆直径等于_____ mm。

④ 计算该传动系统的传动比、输送带移动速度和齿轮4的转速。

（4）如图 2-124 所示的传动机构，1 与 2 为同步带传动，同步带轮的齿数分别为 $z_1=30$，$z_2=60$，齿轮的齿数 $z_3=20$，$z_4=60$，$z_5=20$，$z_6=40$，$z_7=2$，$z_8=40$。齿轮5与齿轮6的中心距 $a_{56}=60mm$。试分析并计算：

① 锥齿轮3和锥齿轮4在传动中起何作用（变速、变向、变速和变向）。

② 若齿轮5与齿轮6均为标准直齿圆柱齿轮，求齿轮6的齿根圆直径、齿距、齿高。

③ 若电动机的转速 n 为 1200r/min，转向如图 2-124 所示，求传动比 i_{18}、蜗轮8的转速及转向。

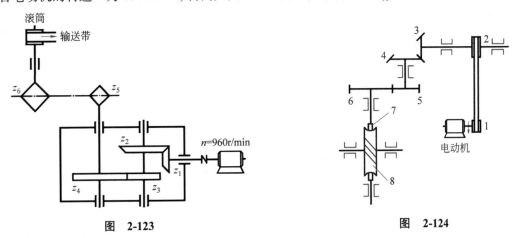

图 2-123　　　　　图 2-124

（5）在图 2-125 所示的传动系统中，齿轮均采用标准齿轮，齿轮 3 和 4 为双联滑移齿轮，齿轮 3 和齿轮 5 的标准中心距为 132mm，齿轮 4 的齿高为 6.75mm，$Z_3=46$，$Z_4=40$，$Z_7=30$，$Z_8=40$，$Z_{11}=40$，$Z_{12}=30$，双头蜗杆，蜗轮齿数 $Z_{10}=40$，带传动为同步带传动，带轮 1 为 30 齿，带轮 2 为 60 齿；电动机的转速 96r/min，，转向如图中所示。请完成下列小题。

① 齿轮 5 的分度圆直径为_____。

② 齿轮 6 的结构一般采用_____（在"A．实体结构，B．腹板式结构，C．轮辐式结构"中选择，将序号填写在横线处）。

③ 重物 G 的移动方向_____（在"A．向上；B．向下"中选择，将序号填写在横线处）。

④ 为保证轴能传递较大的交变载荷、振动和冲击载荷，齿轮 6 与轴之间应采用的周向固定方式是_____（在"A．平键连接，B．花键连接，C．平键连接和过盈配合联合使用"中选择，将序号填写在横线处）。

⑤ 末端螺母的最小移动速度为_____，移动方向_____（在"A．向左；B．向右"中选择，将序号填写在横线处）。

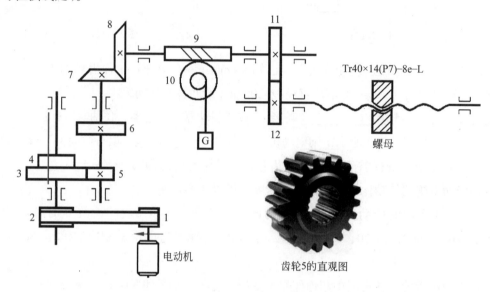

图 2-125

第3章　机械润滑与密封

德国德马吉五轴联动高精度数控加工中心，将一块铝锭一次加工成形为一个十分精巧的山地摩托车头盔，获得了2009年日本机械加工奖的金奖。

学习要求

- 明确润滑剂的种类、性能及选用。
- 了解机械常用润滑方式和润滑装置，掌握典型零部件的润滑方法。
- 明确常用密封装置的分类、特点和应用。

3.1 机械润滑

知识链接

离开润滑油，机械将无法工作

1941年9月30日，法西斯德国投入重兵对苏联首都莫斯科发动了代号为"台风"的大规模攻势，妄图在十天之内攻占它。在这生死危急关头，莫斯科进行了保卫战的总动员，誓死保卫首都。全市110多万战士奔赴前线抗敌，45万人参与修筑防御工事，其中四分之三是妇女。

10月2日，德军从中部突破了苏军防线，到10月中旬的两周之内，德军中央集团军群完成了三个大包围圈。11月15日，德军向莫斯科发动第二次疯狂进攻；11月27日，德军占领了离莫斯科仅有24km的伊斯特腊，莫斯科处于德军大炮射程之内，德军用望远镜几乎可以看到克里姆林宫的塔尖。

就在希特勒扬言要在莫斯科红场上检阅他的法西斯军队时，莫斯科的气温骤降到-40℃。由于狂妄的希特勒对冬季作战毫无准备，补给不足，士兵无御寒棉衣，士兵冻伤严重，特别是德军军械使用的润滑油被冻，枪栓拉不开，坦克、汽车、摩托车和飞机无法发动。而苏军自己研制的润滑油却能在严寒的条件下使用。苏军抓住这天赐良机，在全国军民的共同努力及英、美两国大批御寒物资的支援下，英勇抗敌，浴血奋战，击溃了进攻莫斯科的德军，把德军赶离莫斯科100~250km，取得了莫斯科保卫战的胜利。

从莫斯科保卫战这一战争案例，我们可以发现离开润滑油，世界上的机械将无法工作。

机械在运动过程中，各相对运动的零部件接触表面会产生摩擦和磨损，摩擦是机械运动过程中不可避免的。在日常生活和工程实践中，很多机械设备的最终报废不是材料强度和刚度的原因，而是因磨损严重导致不能正常使用而报废。要维护机械的正常运转，减少噪声，保持运转精度，必须采用合理的润滑。机械润滑是向承载的两摩擦表面加入润滑剂，降低摩擦，减少磨损，提高机械的使用性能和寿命。润滑时，润滑剂还能保护零件不遭锈蚀，而且在采用循环润滑时还能起到散热降温的作用。由于液体的不可压缩性，润滑油膜还具有缓冲、吸振的能力。使用膏状的润滑脂，既可以防止润滑剂外泄，又可以阻止外部杂质侵入，起到密封作用。

润滑剂的种类

工业上常用的润滑剂有润滑油（图 3-1 为发动机使用的润滑油）、润滑脂（图 3-2 为用于滚动轴承润滑的润滑脂），此外还有固体润滑剂、气体润滑剂等。

1. 润滑油

润滑油作为一种液体润滑剂，它的摩擦因数低，流动性好，可压缩性小，冷却作用较好，能有效

图 3-1　发动机使用的润滑油

图 3-2　用于滚动轴承润滑的润滑脂

地从摩擦表面带走热量，保证运动部件的尺寸稳定和设备精度。但它容易从箱体内流出，故密封要求较高，密封装置比较复杂。

润滑油主要分为矿物润滑油、合成润滑油和动植物润滑油 3 类。矿物润滑油主要是石油制品，具有规格品种多、稳定性好、防腐蚀性强、来源充足且价格较低等特点，因而是目前用量最大的一种液体润滑剂。矿物润滑油主要有机械油、齿轮油、汽轮机油、机床专用油等。合成润滑油具有独特的使用性能，主要用于特殊条件下，如高温、低温、防燃以及需要与橡胶、塑料接触的场合。动植物润滑油产量有限，且易变质，故只用于有特殊要求的设备或用作添加剂。

润滑油的主要性能指标如下。

① 黏度：是在一定温度下，流动物质内部黏稠程度的指标，它是润滑油分类、分级和评定油品质量最重要的性能指标。我国使用的黏度指标为运动黏度，国家标准把 40℃ 时的运动黏度平均值的整数作为其牌号。22 号机油、32 号机油就是指运动黏度分别为 19.8~24.2、28.8~35.2 的机油。牌号数值越大，黏度越大，油越黏稠。

② 凝点：润滑油在规定条件下，冷却至油不流动时的最高温度。它是评价油品低温流动性能的指标。凝点高的油不能在低温下使用，一般润滑油的使用温度应高于润滑油凝点 10~20℃。

③ 倾点：在规定条件下，冷却了的润滑油开始连续流动时的最低温度。它是表示油品低温流动性能的指标。由于倾点比凝点更能反映润滑油的低温流动性能，因此多用倾点表示低温流动性能。

④ 闪点：在规定条件下，加热润滑油所逸出的蒸气和空气组成的混合物与火焰接触发生瞬间闪火时的最低温度。闪点是一个安全指标，根据闪点划分油品的危险等级。闪点在 45℃ 以下的为易燃品，45℃ 以上的为可燃品。

表 3-1 为常用润滑油的主要质量指标及用途。

表 3-1　常用润滑油的主要质量指标及用途

名　称	牌　号	简要说明及主要用途				
		运动黏度/ ($mm^2 \cdot s^{-1}$)（40℃）	凝点/ ℃（≤）	倾点/ ℃（≤）	闪点/ ℃（≤）	特点及应用
全损耗系统用油	L-AN15	13.5~16.5	−15		65	适用于对润滑油无特殊要求的锭子、轴承、齿轮和其他低负荷机械等部件的润滑，不适用于循环系统
	L-AN22	19.8~24.2	−15		170	
	L-AN32	28.8~35.2	−15		170	
	L-AN46	41.4~50.6	−10		180	
	L-AN68	61.2~74.8	−10		190	

续表

名　　称	牌　号	简要说明及主要用途				
		运动黏度/ （mm²·s⁻¹）（40℃）	凝点/ ℃（≤）	倾点/ ℃（≤）	闪点/ ℃（≤）	特点及应用
L-HL液压油 （GB 1111.1—1994）	L-HL32	28.8~35.2		−6	180	抗氧化、防锈，性能优于普通机油。适用于一般机床主轴箱、液压箱、齿轮箱等的润滑
	L-HL46	41.4~50.6		−6	180	
	L-HL68	61.2~74.8		−6	200	
	L-HL100	90.0~110		−6	200	
工业闭式齿轮油 （GB 5904—1994）	L-CKB100	90.0~110		−8		以矿物油为基础油，加入抗氧、防锈、抗磨等添加剂。适用于煤炭、水泥和冶金等采用大型闭式齿轮传动装置的润滑
	L-CKB150	135~165		−8		
	L-CKB220	198~242		−8		
	L-CKB320	288~352		−8		

2. 润滑脂

润滑脂是润滑油（占70%~90%）、稠化剂（如钙、锂、钠的金属皂）、添加剂等制成的膏状混合物。它是除润滑油以外应用最多的一类润滑剂，其特点是黏附力强，不易流失，便于密封和维护，使用时间长；油膜强度较高，缓冲减振性能强，使用范围较广，可在重载、冲击、振动、变速、极压等条件下工作；摩擦阻力较大，散热性能差，不具备冷却、清洗作用，换脂较麻烦。润滑脂在低速、重载、温度变化不大和难以连续供油时应用较多，尤其是滚动轴承的润滑。全世界的滚动轴承约有80%采用脂润滑，滑动轴承也有20%用脂润滑，就连一直用油润滑的齿轮箱，目前也有许多向着脂代油的方向发展。

润滑脂的主要性能指标如下。

① 锥入度：将质量为150g的标准圆锥体放入25℃的润滑脂试样中，经5s后沉入的深度称为该润滑脂的锥入度，以1/10mm为单位。锥入度表示润滑脂的软硬程度，是润滑脂最重要的质量指标，圆锥体穿入润滑脂中越深，则锥入度值越大，表示该润滑脂越软，即稠度越小，越易变形和流动；锥入度值越低，则脂越硬，即稠度越大，越不易变形和流动。润滑脂共分12个等级，其牌号按锥入度从小到大分别用000、00、0、1、2、3、4、5、6、7、8、9这12个牌号表示，常用的是0~4号。

② 滴点：规定条件下润滑脂达到一定流动性时的最低温度，以℃表示。根据滴点可以判定润滑脂的使用温度，一般应低于滴点20~30℃，甚至更低。

润滑脂品种按所用润滑油可分为矿物油润滑脂和合成油润滑脂。矿物油润滑脂通常按稠化剂来分类和命名。常用润滑脂的主要质量指标和用途见表3-2。

表3-2　常用润滑脂的主要质量指标及用途

名　　称	牌　号	主要质量指标		使用 温度/℃	主　要　用　途
		滴点/℃ （≥）	锥入度 （1/10mm）		
钙基润滑脂 （GB 491—1987）	L-XAAMHA1	80	310~340	−10~60	微黄色（俗称黄油），耐水性、耐热性较好，适用于汽车、拖拉机、冶金、纺织等机械设备的润滑
	L-XAAMHA2	85	265~295		
	L-XAAMHA3	90	220~250		
	L-XAAMHA4	95	175~205		

续表

名 称	牌 号	主要质量指标		使用温度/°C	主要用途
		滴点/°C（≥）	锥入度（1/10mm）		
钠基润滑脂（GB 494—1989）	L-XACMGA2	160	265~295	−10~100	适用于各种中等负荷机械设备的润滑，不适用于与水相接触的润滑部位
	L-XACMGA3	160	220~250		
合成钙基润滑脂（GB 1409—1976）	ZG-2H	80	265~310	60	适用于工业、农业、交通运输等机械设备的润滑
	ZG-3H	90	220~265		
通用锂基润滑脂（GB 7324—1994）	ZL-1	170	310~340	−20~120	适用于各种机械设备的滚动和滑动摩擦部位润滑
	ZL-2	175	265~295		
	ZL-3	180	220~250		
	ZL-4	185	175~205		

3. 固体润滑剂

固体润滑剂按其形状分为固体粉末、薄膜和自润滑复合材料3种。固体润滑剂能够适应高温、高压、低速、高真空、强辐射等特殊工作场合，特别适合于给油不方便、装拆困难的场合。当然，它也有摩擦系数较高、冷却散热不良等缺点。

4. 气体润滑剂

具有润滑作用的气体通常是空气、氦、氮、氢等。气体润滑剂具有摩擦系数几乎为零，黏度随温度变化小，清洁环保，来源广泛等特点，是最理想的润滑剂。气体润滑剂现阶段主要用于要求摩擦系数很小或转速极高的精密设备和超精密仪器的润滑。

目前，气体润滑技术还处在研究开发阶段，让我们一起期待这一高尖端的技术能够早日应用到一些不允许漏油的机械设备（如食品、纺织、印刷、化工反应器等）上。

 润滑剂选用原则

选用润滑剂应从机械工作的载荷、速度、温度、环境等因素考虑，选择原则见表3-3。

表 3-3 润滑剂选用原则

工作条件	润滑剂的选用
载荷	载荷大或冲击载荷较大，宜选用黏度较大的润滑油或锥入度小的润滑脂 载荷小，宜选用黏度较小的润滑油，或锥入度大的润滑脂
速度	速度高，宜选用黏度较小的润滑油、锥入度大的润滑脂或固体润滑剂 速度低，宜选用黏度较大的润滑油或锥入度小的润滑脂
温度	高温时，宜选用黏度较大、闪点较高、氧化安定性好的润滑油，或选用氧化安定性好、滴点较高的润滑脂 低温时，宜选用黏度较小、凝点低的润滑油或低温性能好的润滑脂
环境	在潮湿或与水接触较多的环境里，宜选用乳化能力强、防渗性好的润滑油或润滑脂 在强辐射和放射的条件下，在人不便于接近的场合、有腐蚀的环境中，或超高真空条件下，宜选用固体润滑剂

续表

工作条件	润滑剂的选用
工作位置	在润滑油易流失的工作表面，宜选用黏度较大的润滑油、锥入度小的润滑脂或固体润滑剂
表面精度	工作表面粗糙，宜选用黏度较大的润滑油或锥入度小的润滑脂。反之，宜选用黏度较小的润滑油或锥入度大的润滑脂
润滑方式	在循环润滑系统中，要求换油时间长、易散热，宜选用黏度较小、氧化安定性好、抗泡沫性能好的润滑油 在集中润滑系统中，宜选用锥入度大的润滑脂

机械常用的润滑方式

1. 手工定时润滑

手工定时加油、加脂，属于间歇润滑，就是用油壶、油枪（图3-3）直接向需要润滑的零件的油孔中注油，或在油孔处装设油杯，油杯的作用是储油和防止外界灰尘等进入。该方法所用的润滑装置简单，但供油不可靠，适用于低速、轻载、不连续运转等润滑剂用量不大的机械润滑，如小型电动机、缝纫机等。常用油杯有压配式油杯、旋盖式油杯、旋套式油杯等，如图3-4所示。压配式油杯适用于油润滑或脂润滑，旋盖式油杯适用于脂润滑，旋套式油杯适用于油润滑。

图 3-3　油枪

(a) 压配式油杯　　　　(b) 旋盖式油杯　　　　(c) 旋套式油杯

图 3-4　油杯

2. 连续润滑

对于连续工作的机械设备，尤其是速度较高、载荷较大的机械，应采用连续供油的方式润滑，连续供油，供油比较可靠。常用的连续润滑方式有以下几种。

（1）油绳和油垫润滑

如图3-5（a）所示，油绳润滑是用毛线或棉纱做成芯捻，将其一端浸在油内，利用毛细管虹吸原理向供油部位连续供油。油绳润滑结构简单，但油量较小，不便调节。

油垫润滑是另一种利用毛细管虹吸原理的润滑方式。如图3-5（b）所示，润滑时，将毛毡、棉纱和泡沫塑料制成的油垫浸在油池中，油垫靠本身弹性压紧在摩擦表面上供油。油绳和油垫通常用于载荷不大、中低速机械的润滑。

（2）针阀式注油油杯润滑

当手柄位于如图3-6所示的水平位置时，针阀受弹簧推压向下堵住油孔。当手柄转90°变为矗立位置时，针阀上提，油孔敞开供油。调整调节螺母可以调节滴油量，这种装置可以手动，也可以自动，主要用于供油量一定、连续供油的场合。

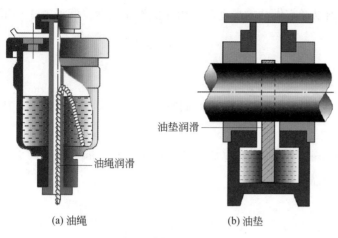

(a) 油绳　　　　　　　(b) 油垫

图 3-5　油绳和油垫润滑

图 3-6　针阀式注油油杯润滑

（3）浸油润滑、飞溅润滑和喷油润滑

如图 3-7 所示的闭式齿轮传动中，大齿轮下部浸在油中，齿轮转动时将油带入啮合部位进行润滑的方法称为浸油润滑。采用浸油润滑时齿轮浸入油中的深度至少为 10mm，转速低时可浸入深一些，但浸入过深则会增大运动阻力并使油温升高。

在闭式齿轮传动中，利用传动齿轮把润滑油飞溅、雾化到其他零件上进行润滑称为飞溅润滑。采用浸油润滑、飞溅润滑能保证在机器运行后自动将润滑油送入摩擦表面，润滑可靠，耗油少，维护简单，广泛应用于中、低速闭式齿轮和轴承的润滑。

用油泵将具有一定压力的润滑油经喷嘴喷到啮合的齿面上的方法称为喷油润滑，如图 3-8 所示。这种方法适用于转速高、载荷大、要求可靠的闭式齿轮、轴承的润滑。

图 3-7　浸油润滑

图 3-8　喷油润滑

（4）油雾润滑

油雾润滑以压缩空气为动力，用油雾器将润滑油雾化后，随压缩空气进入需要润滑的部位，以达到润滑的目的。主要用于大型、高速、重载的设备润滑。

 典型零部件的润滑方法

1. 滑动轴承的润滑

大部分滑动轴承都用润滑油润滑，润滑方式有针阀油杯滴油、飞溅润滑、压力循环供油方式。

对轴颈圆周速度 $v < 5\mathrm{m/s}$、要求不高、难以经常供油的滑动轴承可用润滑脂润滑，润滑方式有压注油杯、旋盖油杯供油方式。

2. 滚动轴承的润滑

轴颈圆周速度较大和工作温度较高的滚动轴承通常选用润滑油润滑，润滑方式有飞溅润滑、压力润滑、油雾润滑等。

轴颈圆周速度 $v < 5\mathrm{m/s}$ 的滚动轴承则采用润滑脂润滑。应注意润滑脂填充量一般不超过轴承空间的 $1/3 \sim 2/3$，以防止摩擦发热过大，影响轴承正常工作。

3. 齿轮传动的润滑

开式齿轮传动一般速度较低、载荷较大、接触灰尘和水分、工作条件差且油易流失。为维持润滑油膜，应采用黏度高、防锈性好的开式齿轮油。速度不高的开式齿轮也可采用脂润滑。开式齿轮传动的润滑可用手工、滴油、油池浸油等方式供油。

闭式齿轮传动中，齿轮的圆周速度 $v < 0.8\mathrm{m/s}$ 时，一般采用润滑脂润滑；齿轮的圆周速度 $v < 12\mathrm{m/s}$ 时，采用浸油润滑；当齿轮的圆周速度 $v > 12\mathrm{m/s}$ 时，则采用喷油润滑。

? 你知道吗

汽车发动机为什么要定期更换润滑油

润滑油在使用过程受到高温、空气、金属催化等共同作用，油品将氧化、老化，形成漆膜、油泥等沉积物，影响发动机的正常运转。因此，当润滑油使用一定时间后，就需要更换润滑油。

不按期换油，会有哪些问题

不按期换油，会显著地降低润滑油对发动机的抗磨损性能。润滑油中混杂了由于油燃烧而产生的油泥、积炭、水、酸性物质以及不完全燃烧产物等。同时，润滑油中的添加剂也会随着使用不断消耗，影响润滑油的使用性能。更换润滑油不但可以排出里面的污染物，也可保证润滑油中的成分保持在合理的水平。

活动与探究

润滑对于齿轮传动十分重要。润滑不仅可以降低摩擦、减少磨损，还可以起到冷却、防锈，降低噪声，改善齿轮的工作状况，延缓轮齿失效，延长齿轮的使用寿命等作用。

① 检查齿轮传动润滑油的油面高度。油面过低则润滑不良，油面过高会增加搅油功率的损失。

② 检查喷油润滑系统的油压状况。油压过低会造成供油不足，油压过高则可能是因为油路不畅通所致，须及时调整油压。

4. 链传动的润滑

良好润滑将会减少链传动磨损，缓和冲击，提高承载能力，延长使用寿命，因此链传动应合理确定润滑方式和润滑剂种类。

润滑油推荐采用20、30和40号机油。环境温度高或载荷大时宜选用黏度大的润滑油。套筒滚子链的润滑方法和供油量见表3-4。

表 3-4　套筒滚子链的润滑方法和供油量

方　式	润 滑 方 法	供 油 量
人工润滑	用刷子或油壶定期在链条松边内外链片间隙中刷（注）油	每班刷（注）油一次
滴油润滑	用油杯通过油管向松边内外链板间隙处滴油	单排链，每分钟供油5~20滴，速度高时取大值
油浴润滑	采用密封的传动箱体，使链条从油浴中通过	一般浸油深度为6~12mm
飞溅润滑	采用密封的传动箱体，在链条侧边安装甩油盘，飞溅润滑。甩油盘圆周速度>3m/s	甩油盘浸油深度为12~35mm
压力润滑	用油泵经油管向链条供油，喷油管口设在链条啮入处，循环油可起冷却作用	供油量可根据链节距及链速查阅相关手册确定

练习与实践

1. 填空题

（1）机械润滑的主要目的是_____，_____。

（2）常用的工业润滑剂主要是_____和_____。

（3）L-AN15是全损耗系统用油最小的牌号，牌号中数字15是_____的指标，其黏稠度是润滑油里_____（最小、最大）的。

（4）L-XAAMHA1是钙基润滑脂代号，代号中数字1是_____的级别，其黏稠度是润滑脂里_____（较小、较大）的。

（5）润滑剂选用的原则是：工作温度越高、载荷越大、速度低时，宜选用黏度_____（大、小）的润滑油或锥入度_____（大、小）的润滑脂。

2. 选择题

（1）适用黏度低的润滑油的场合是（　　　）。

    A. 速度高、载荷小　　　　　　　　　B. 速度低、载荷大

    C. 变速、变载、经常正反转　　　　　D. 轴与轴承间隙大

（2）下列关于润滑脂的表述中，错误的是（　　　）。

    A. 不易流失　　　　　　　　　　　　B. 密封简单，使用时间长

    C. 受温度影响小，散热性好　　　　　D. 对载荷、速度等适应范围广

（3）机床、减速器等闭式传动中常用的润滑方式为（　　）。

    A. 手工加油润滑   B. 针阀式注油油杯润滑

    C. 油浴、溅油润滑   D. 油雾润滑

（4）钟表内的齿轮传动处于闭式传动中，多年才加一次润滑剂，应选择（　　）润滑。

    A. 润滑油   B. 润滑脂   C. 两者皆可

（5）汽车、拖拉机等机械设备须用润滑脂润滑，宜选用（　　）。

    A. 钙基润滑脂   B. 钠基润滑脂   C. 合成钙基润滑脂   D. 锂基润滑脂

3. 判断题（对的打 ✓，错的打 ✗）

（1）润滑油黏性越小，流动性越好，但润滑性能下降。   （　　）

（2）润滑油牌号中的数值越大，表示其运动黏度越大，油越黏稠。   （　　）

（3）润滑脂牌号中的锥入度数值越大，表示其润滑脂越硬、越黏稠。   （　　）

（4）手动定时润滑主要用于低速、轻载或不连续运转的机械。   （　　）

（5）用润滑脂润滑滚动轴承时，填充量一般不超过轴承空间的 1/3~2/3。   （　　）

（6）润滑脂不宜在温度变化大或高速条件下使用。   （　　）

3.2　机械密封

 知识链接

机械密封非小事

    20世纪70年代末，澳大利亚举办国际内燃机展览会。展览会上美国卡特彼勒公司的柴油机放在展厅的台子上，地面铺着红色地毯，开动起来什么问题也没有，声音也非常柔和。而我国参展的柴油机放在展厅的水泥地上，周围还要铺上木屑，因为漏油太多，会把地上弄脏。同样马力的柴油机，我们国家的柴油机售价还不到美国卡特彼勒公司柴油机的十分之一。

    机械设备的密封是指阻止润滑剂等流体泄漏，防止灰尘、杂物、水分等侵入。可靠的密封，不仅是保持机械设备清洁环保的事情，更是关系机械设备能否正常工作、安全生产的重要环节。

    按结合面的运动状态，密封方式可分为静密封和动密封两种方式。静密封是指两个相对静止结合面之间的密封，如减速器箱盖与箱体之间的密封。动密封是指两个相对运动结合面之间的密封，如车床轴端的间隙密封。

    按密封件和与其做相对运动的零部件是否接触，可分为接触式密封和非接触式密封两类。所有的静密封和大部分动密封都是接触式密封。

 接触式密封

    接触式密封是利用密封元件与轴（或其他配合件）结合面直接压紧密封的，不可避免会产生摩擦和磨损，并且温度升高，故一般用于中、低速运转条件下的密封。

1. 垫片密封

在结合面之间辅加垫片（图3-9），紧压后由自身产生弹性和塑性变形实现密封。常温、常压、普通介质可选用纸或橡胶垫片；特殊高温（或低温）、高压场合可选用聚四氟乙烯垫片；高温、高压可用金属垫片。垫片是一种最为常见的密封元件，对表面加工精度要求不高，结构简单，价格低廉，密封性能可靠，广泛用于管道、压力容器以及各种机械壳体的结合面油润滑（或水、气体）的静密封。

2. 密封胶密封

将密封胶填充到两个结合面之间的缝隙，由其固化后产生的黏合力实现密封。密封胶通常是以橡胶为主体材料，配合增黏树脂、软化剂、硫化剂、补强填充剂等配合剂经混炼、溶解等工序加工制作而成的液状黏稠密封材料，具有流动性。该密封成本较低，密封性好，但密封面不可拆。目前，胶密封极其普遍，广泛用于机械、车辆、航空、造船、建筑、仪表、电子、化工设备等连接部位油（或水、气体）润滑的静密封。

3. O形橡胶圈密封

将O形橡胶圈（图3-10）放入结合面的安装沟槽内，紧压后通过密封圈自身预紧力实现密封。O形橡胶圈密封也是一种常见的密封元件，已标准化生产。该密封结构简单，制造容易，安装方便，密封性能好，广泛用于内燃机车、汽车、拖拉机、工程机械、机床及各种液压气动元件油润滑（或水、气体）的静密封和动密封（图3-11）。

图3-9 法兰密封垫片

图3-10 O形橡胶密封圈

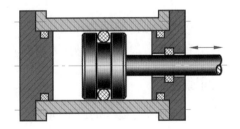

图3-11 O形橡胶密封圈密封

4. 毡圈密封

在轴承端盖上切出梯形槽，将充分浸油的毡圈（图3-12）放置在梯形槽中与轴紧密接触达到密封，如图3-13所示。毡圈为标准化密封元件。毡圈密封结构简单紧凑，易于更换，成本较低，但摩擦阻力较大，适用于一般低速机械脂润滑的动密封，如齿轮箱的轴承密封。

图3-12 毡圈

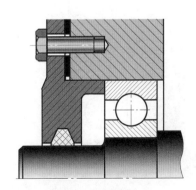

图3-13 毡圈密封

5. 唇形密封圈密封

图 3-14 所示的唇形密封圈是由橡胶、金属骨架和弹簧圈组成（图 3-15）的具有自封作用的密封圈。唇形密封圈有 Y、V、U、L、J 等多种形状。如图 3-16 所示，唇形密封圈依靠唇部自身的弹性和弹簧的压力压紧在轴上实现密封。唇口对着轴承安装的方向，主要用来阻止漏油。该密封安装方便，更换迅速，自紧力大，密封效果好，但结构较复杂，体积大，摩擦阻力大，广泛用于油压和水压机油润滑和脂润滑的动密封，主要是往复运动的密封，如活塞等。

图 3-14　唇形密封圈

图 3-15　唇形密封圈的结构图

金属骨架
弹簧圈
橡胶

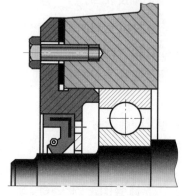
图 3-16　唇形密封圈密封

非接触式密封

非接触式密封是依靠两个相对运动结合面之间隙缝中的润滑脂实现密封的。它避免了密封件与旋转件的接触和摩擦。因此非接触式密封的密封性能相对差一些，适用于较高速度的场合。

1. 间隙密封

依靠轴和轴承盖孔之间的极窄间隙（一般为 0.1~0.3mm）密封，如图 3-17（a）所示。间隙越细小，密封性能越好。其优点是结构简单、摩擦阻力小。其缺点是密封性能较差，总有泄漏存在，且压力越高，泄漏量越大。间隙密封主要用于低压、运动速度较快的脂润滑，如液压泵内的柱塞与缸体之间、滑阀的阀芯与阀孔之间的配合。

在间隙密封中，若端盖上切出螺旋槽，可用于油润滑密封，如图 3-17（b）所示。其原理是借助螺旋的输送作用，把欲流出的油送回轴承腔内。应注意螺旋槽的旋向须根据轴的转向来确定。

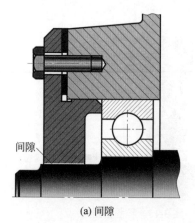

间隙

(a) 间隙

螺旋槽

(b) 螺旋槽

图 3-17　间隙密封

2. 曲路密封（迷宫密封）

曲路密封是指将旋转件和固定件之间的间隙（充填润滑脂）制成曲路的形式达到密封，图3-18（a）为径向曲路密封，图3-18（b）为轴向曲路密封。曲路密封无摩擦，寿命长，密封性能好，但密封零件加工精度要求较高，装配较困难。

曲路密封广泛用于离心压缩机、汽轮机、鼓风机等轴端的脂润滑或油润滑的密封，也适用于高温、高压、高转速、大尺寸条件下的气体密封。

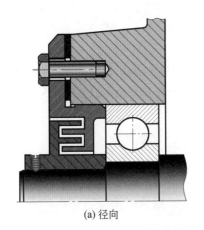 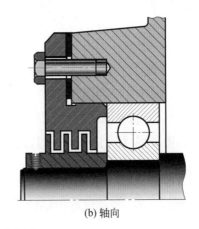

(a) 径向　　　　　　　　　　(b) 轴向

图3-18　曲路密封

上述介绍的机械密封方法都有各自的优点，但也存在这样或那样的不足。因此在机械设备制造中，一些精密的、重要的部位常采用几种密封组合的方式，以提高密封效果，如毡圈密封和曲路密封组合、挡油环和唇形密封圈组合等。

交流与讨论

找出日常生活器具的密封

我们日常生活中使用的很多器具（如保温茶杯、高压锅等）都采用了不同的密封，请你找一找，想一想，它们采用的是何种密封？

 练习与实践

1. 填空题

（1）机械设备密封是阻止＿＿＿＿＿＿＿＿，防止灰尘、水分等杂质侵入。

（2）按结合面的运动状态，密封方式可分为＿＿＿＿＿和＿＿＿＿＿。

（3）接触式密封有＿＿＿＿＿、＿＿＿＿＿、＿＿＿＿＿、＿＿＿＿＿等。

（4）非接触式密封是依靠＿＿＿＿＿＿＿＿＿＿实现密封的。常用的非接触式密封主要是＿＿＿＿＿和＿＿＿＿＿。

2. 选择题

（1）用下列密封装置进行轴端密封，（　　）只能用于脂润滑密封。

    A. 毡圈密封　　　　　　B. 唇形密封圈密封　　C. 间隙沟槽密封　　　D. 曲路密封

（2）下列密封形式中，（　　）可用于脂润滑和油润滑的动密封。

    A. 垫片密封　　　　　　B. O形橡胶圈密封　　C. 毡圈密封　　　　　D. 唇形密封圈密封

（3）下列密封形式中，（　　）属于非接触式动密封。

    A. 垫片密封　　　　　　B. 唇形密封圈密封　　C. 毡圈密封　　　　　D. 迷宫式密封

3. 判断题（对的打 ✓，错的打 ✗）

（1）接触式密封一般用于中、低速的场合，而非接触式密封适用于较高速度的场合。　　（　　）

（2）用于润滑油密封时，唇形密封圈的唇口应与轴承安装方向相反。　　（　　）

（3）毡圈密封和O形橡胶圈密封属于接触式密封。　　（　　）

（4）动密封是指密封表面与接合零件间有相对运动的密封。　　（　　）

第4章　机械常用机构

罗纳德·里根号尼米兹级航母是美国最大的航空母舰，该航母由两座核反应堆和4座蒸汽轮机推动，满载排水量91487吨，舰长340米，宽76.8米，舰载飞机85架，工作人员6300人。

学习要求

- 了解低副、高副的特点。
- 掌握平面四杆机构的基本类型、特点和应用，明确平面四杆机构的急回运动特性和死点位置。
- 掌握凸轮机构的组成、特点、分类和应用，了解凸轮机构从动件的常用运动规律、压力角。
- 了解棘轮机构、槽轮机构的组成、特点和应用。

机械的种类繁多，如内燃机、汽车、机床、缝纫机、机器人、包装机等，它们的组成、功用、性能和运动特点各不相同，但它们的主要部分都由一些机构（具有确定相对运动的构件）组成。由于组成机构的构件不同，机构的运动形式也不同，所以机构的类型也多种多样。本章将通过对常用机构——平面连杆机构、凸轮机构、间歇运动机构的介绍，使同学们了解它们的工作原理，认识其运动规律，懂得如何选择和使用。

4.1 平面连杆机构

 知识链接

运 动 副

机器一般由机构组成，机构由构件组成，构件又由零件组成。

机械中两个构件直接接触而组成的可动的连接称为运动副。根据运动副中两构件的接触形式不同，运动副可分为低副和高副。

1. 低副

低副是指两构件以面接触的运动副。按两构件的相对运动形式，低副可分为以下几种。

① 转动副：组成运动副的两构件只能绕某一轴线做相对转动的运动副，如图4-1（a）所示。

② 移动副：组成运动副的两构件只能做相对直线移动的运动副，如图4-1（b）所示。

③ 螺旋副：组成运动副的两构件只能沿轴线做相对螺旋运动的运动副，如图4-1（c）所示。

(a) 转动副　(b) 移动副　(c) 螺旋副

图 4-1　低副

低副接触面一般是平面或圆柱面，单位面积承受的压力较低，承载能力大，耐磨损，寿命长。但因低副是滑动摩擦，摩擦阻力大，效率低，不能传递较复杂的运动。

2. 高副

高副是指两构件以点或线接触的运动副。图4-2所示为常见的几种高副接触形式：图4-2（a）是车轮与钢轨接触，图4-2（b）是齿轮啮合，都属于线接触；图4-2（c）是凸轮与从动杆的接触，属于点接触。

高副是点或线接触的运动副，单位面积承受的压力较高（故称高副），两构件接触处容易磨损，寿命短，制造和维修也较困难。高副的特点是能传递较复杂的运动。

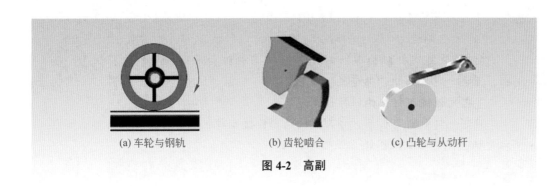

(a) 车轮与钢轨　　　(b) 齿轮啮合　　　(c) 凸轮与从动杆

图4-2 高副

平面连杆机构是由一些刚性构件用转动副或移动副连接组成的，在同一平面或相互平行的平面内运动的机构。平面连杆机构能够实现多种运动形式的转换。

由四个杆件组成的平面连杆机构称为平面四杆机构。平面四杆机构的基本形式是四根杆的构件分别用铰链连接而成，如图4-3（a）所示，简称铰链四杆机构。

图4-3（b）为铰链四杆机构的简图，在此机构中固定不动的构件 AD 杆称为机架，与机架相对的 BC 杆称为连杆，与机架相连的 AB 杆和 CD 杆称为连架杆，其中能做整周回转运动的连架杆称为曲柄，只能在小于 360° 范围内摆动的连架杆称为摇杆。

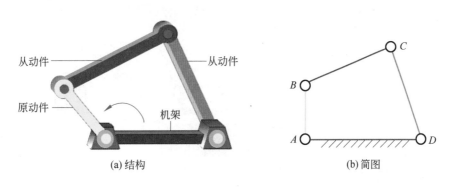

从动件　从动件

原动件　机架

(a) 结构　　　　　　　　(b) 简图

图4-3 铰链四杆机构

铰链四杆机构的基本类型

活动与探究

1. 自制铰链四杆机构

（1）材料准备

长度为1m的木板条1根（横截面为2cm×1cm），小螺栓8副，红色、黄色、蓝色、绿色彩色贴纸各一张（可以与其他学习小组共用）。

（2）制作

① 利用钳工实训课分学习小组制作；

② 用手锯将木板条分别锯成长度为12cm两根、14cm一根、17cm两根、23cm一根、25cm两根,并将每根木条两头距端面1cm处钻出通孔。

③ 用小螺栓以12cm、17cm、23cm、25cm和12cm、14cm、17cm、25cm组装铰链四杆机构各一副,并将铰链四杆机构每一杆分别选择红色、黄色、蓝色、绿色贴纸粘贴平整。

2. 探究铰链四杆机构的特性

确定一杆做固定机架,分别试验两副铰链四杆机构,分别试验出哪些可以做曲柄,哪些可以做摇杆,哪些无曲柄。

根据连架杆是曲柄还是摇杆,铰链四杆机构可分为曲柄摇杆机构、双曲柄机构和双摇杆机构 3 种基本类型。

1. 曲柄摇杆机构

具有一个曲柄和一个摇杆的铰链四杆机构称为曲柄摇杆机构。在曲柄摇杆机构中,当曲柄为主动件时,可将曲柄的整周的回转运动转换为摇杆的往复摆动。图 4-4 所示为搅拌机工作示意图,在曲柄 *AB* 连续回转的同时,摇杆 *CD* 可以往复摆动,完成搅拌摆动动作。

在曲柄摇杆机构中,当摇杆为主动件时,可以使摇杆的往复摆动转换成从动件曲柄的整周回转运动。在图 4-5 所示缝纫机踏板机构中,踏板（相当于摇杆 *CD*）做往复摆动时,连杆 *BC* 驱动曲轴（相当于曲柄 *AB*）和带轮连续回转。

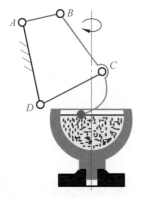

图 4-4　搅拌机工作示意图

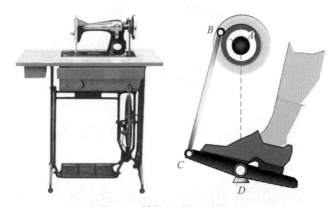

图 4-5　缝纫机踏板机构

曲柄摇杆机构在生产中应用很广,如汽车雨刮器、牛头刨床机构、雷达调整机构、颚式破碎机和油田抽机的驱动机构都采用曲柄摇杆机构进行工作。

2. 双曲柄机构

具有两个曲柄的铰链四杆机构称为双曲柄机构。在双曲柄机构中,两个连架杆均为曲柄,均可做整圈旋转。图 4-6 为惯性筛机构,主动曲柄 *AB* 等速回转一周时,曲柄 *CD* 变速回转一周,使筛子 *EF* 获得加速度,从而将被筛材料分离。

在双曲柄机构中,如两曲柄的长度相等,且连杆与机架的长度也相等,则称为平行双曲柄机构。平行双曲柄机构有同向双曲柄机构（图 4-7（a））和反向双曲柄机构（图 4-7（b））两种工作形式。

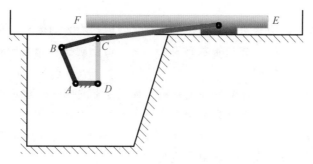

图4-6　惯性筛机构

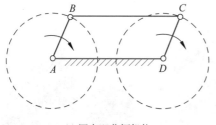

(a) 同向双曲柄机构

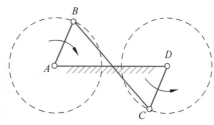

(b) 反向双曲柄机构

图4-7　平行双曲柄机构

同向双曲柄机构的运动特点是曲柄的转向相同且角速度始终保持相等，连杆始终平动，机车车轮联动机构、挖掘机、高空作业平台升降机构（图4-8）、播种机料斗机构、普通天平机构均为同向双曲柄机构。反向双曲柄机构的运动特点是两曲柄的转向相反且角速度不等，如车门启闭机构（图4-9）。

图4-8　高空作业平台升降机构

图4-9　车门启闭机构

3. 双摇杆机构

具有两个摇杆的铰链四杆机构称为双摇杆机构。它可将主动摇杆的往复摆动，经连杆转变为从动摇杆的往复摆动。图4-10所示双摇杆机构中，两摇杆 AB、CD 可以分别为主动件，当连杆与摇杆共线时，如图中的 B_1C_1D 和 C_2B_2A 位置时，机构处于死点位置。鹤式起重机（图4-11）、汽车转向机构、自卸汽车翻斗机构（图4-12）、飞机起落架、风扇摇头机构均采用双摇杆机构工作。

拓展视野

柔性平面四杆机构

机械中的四杆机构是平面连杆机构中最常见的形式，在机械产品中应用非常广泛，通常采用四个刚性构件通过低副连接而成。这种刚性机构通过刚性运动副的转动或移动获得所期望的运动和力的输出，使用时不仅存在振动、冲击、摩擦、磨损等不利因素，而且由于刚性机构尺寸较大，在微型机械领域受到极大限制。

近年来，在微型机械领域，机械专家发明了一种通过构件的弹性变形（柔性）输出全部或部分运动或力的柔性平面四杆机构。它没有传统意义上的刚性运动副，没有振动冲击和摩擦，无须润滑，不会造成污染，可节省大量的人力、物力，在微型机械中应用前景广泛。

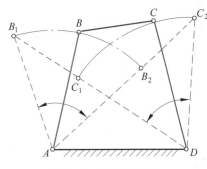

图 4-10 双摇杆机构

图 4-11 鹤式起重机

图 4-12 自卸汽车翻斗机构

铰链四杆机构存在曲柄的条件

通过前面的介绍可知，铰链四杆机构三种基本类型的主要区别就在于有无曲柄或有几个曲柄存在，这就是判别铰链四杆机构类型的主要依据。实物演示和理论分析均已证明，连架杆成为曲柄必须满足下列两个条件：

① 最短杆与最长杆之和，小于或等于其他两杆之和；

② 连架杆与机架中至少有一个为最短杆。

 活动与探究

（1）如果铰链四杆机构满足最短杆与最长杆之和，小于或等于其他两杆之和，请你用木板条及小螺栓自制该铰链四杆机构，演示并写出实验结论：

① 取最短杆为连架杆，得到_____机构；

② 取最短杆为机架，得到_____机构；

③ 取最短杆为连杆，得到_____机构。

（2）如果铰链四杆机构最短杆与最长杆之和大于其他两杆之和，请你用木板条及小螺栓自制该铰链四杆机构，演示并写出实验结论：

该铰链四杆机构无_____存在，且无论取哪个杆作为机架，都只能得到_____机构。

铰链四杆机构的基本性质

1. 急回特性

1. 自制如图4-13所示的曲柄摇杆机构，演示观察，在曲柄AB转动一周时，曲柄AB与连杆BC有_____次共线。摇杆CD来回摆动有_____个极限位置。

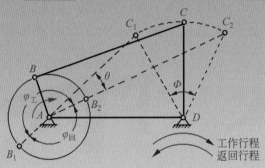

图4-13　曲柄摇杆机构中的急回特性

2. 在图4-13所示的曲柄摇杆机构中，假设曲柄AB以等角速度ω顺时针回转，自AB_1回转到AB_2，即转过角度$\varphi_{工}$，摇杆自C_1D摆动到C_2D为工作行程，摆动角度为Φ，所需时间为$t_{工}$，C点平均速度为$v_{工}$；曲柄AB以等角速度ω顺时针回转，自AB_2回转到AB_1，即转过角度$\varphi_{回}$，摇杆自C_2D摆动到C_1D为返回行程，摆动角度仍为Φ，所需时间为$t_{回}$，C点平均速度为$v_{回}$。请认真观察思考，完成表4-1的内容。

表4-1　曲柄摇杆机构参数

行　　程	曲柄转角	所需时间	摇杆C点平均速度
工作行程（$AB_1 \rightarrow AB_2$）	$\varphi_{工}=180°+\theta$	$t_{工}$大	$v=\overparen{C_1C_2}/t_{工}$
返回行程（$AB_2 \rightarrow AB_1$）	$\varphi_{回}=180°-\theta$	$t_{回}$小	$v_{回}=\overparen{C_2C_1}/t_{回}$
结果比较	$\varphi_{工}$____$\varphi_{回}$	$t_{工}$____$t_{回}$	$v_{工}$____$v_{回}$

如图4-13所示的曲柄摇杆机构中，当主动件曲柄等速转动时，摇杆来回摆动速度不同，返回时速度较快，这种性质称为急回特性。实际生产中，对做往复运动的机械，如牛头刨床机构常利用这种急回特性来缩短非生产时间，提高生产率（使慢速运动为工作行程，快速运动为空回行程）。

2. 死点位置

在自制的曲柄摇杆机构中，以摇杆为主动件进行实验，观察摇杆在两个极限位置，连杆与曲柄共线时，会发生什么现象？

在曲柄摇杆机构中，摇杆为主动件，当连杆与曲柄共线时（力矩为零），会出现曲柄不转或倒转现象，这种位置称为死点位置。铰链四杆机构是否存在死点位置，决定于从动件是否与连杆共线。凡是从动件与连杆共线的位置都是死点。

对于机构传动，死点是有害的，因为死点位置常使机构从动件无法运动或出现运动不确定现象。工程中常借助飞轮惯性作用，使机构越过死点，如缝纫机踏板机构的大飞轮；还可利用机构错位排列方法越过死点，如图4-14所示的两组机车车轮联动机构，当一个机构处于死点位置时，可借助另一个机构来越过死点。

机构的死点位置并非总是起消极作用的。在工程上，有时也利用死点位置的特性来实现某些工作要求。如图4-15所示为一种钻床连杆式快速夹具。工件夹紧后BCD呈一条直线，即使工件反力很大，也不能使机构反转，因此使工件夹紧牢固可靠。飞机起落架机构、折叠式桌的折叠机构也都是利用死点进行工作的。

图4-14　两组机车车轮联动机构

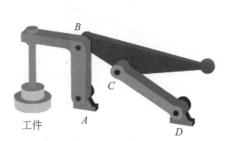

图4-15　钻床连杆式快速夹具

练习与实践

1. 填空题

（1）铰链四杆机构的三种基本形式为_____、_____、_____。

（2）曲柄摇杆机构中，_____长度最短。曲柄摇杆机构能将曲柄的_____运动转换成摇杆的_____运动。

（3）曲柄摇杆机构中，以曲柄为主动件时，则摇杆_____；若以摇杆为主动件，则曲柄_____。

（4）双曲柄机构的运动特点是：当两曲柄_____时，主动曲柄做匀速运动，从动曲柄随之做变速运动；当两曲柄_____且_____时，两曲柄运动一致，称为_____。

（5）在曲柄摇杆机构中，如果将_____作为机架，则与机架相连的两杆都可以做_____运动，即得到双曲柄机构。

（6）在一些机械中，常利用机构的_____来缩短空回行程的时间，用来提高机械的工作效率。

2. 选择题

（1）若两构件组成低副，其接触形式是（　　）。

　　A. 面接触　　　　　B. 点或线接触　　　　C. 点或面接触　　　　D. 线或面接触

（2）铰链四杆机构中，不与机架相连的构件称为（　　）。

　　A. 曲柄　　　　　　B. 连杆　　　　　　　C. 连机架　　　　　　D. 摇杆

（3）一曲柄摇杆机构，若改为以曲柄为机架，则将演化为（　　）。

  A. 曲柄摇杆机构   B. 双曲柄机构   C. 双摇杆机构

（4）下列属于摇杆作为主动件的铰链四杆机构的是（　　）。

  A. 搅拌机   B. 家用缝纫机踏板机构 C. 汽车雨刮器 D. 牛头刨床机构

（5）公共汽车的车门启闭机构属于（　　）。

  A. 曲柄摇杆机构   B. 双曲柄机构   C. 双摇杆机构

（6）铰连四杆机构中，若"最短＋最长＞其余两杆之和"，则机构有（　　）。

  A. 一个曲柄   B. 两个曲柄   C. 一个摇杆   D. 两个摇杆

（7）铰链四杆机构中，若最短杆与最长杆长度之和小于其余两杆长度之和，则为了获得曲柄摇杆机构，其机架应取（　　）。

  A. 最短杆   B. 最短杆的相邻杆 C. 最短杆的相对杆 D. 任何一杆

（8）铰链四杆机构 $ABCD$ 中，AB 为曲柄，CD 为摇杆，BC 为连杆。若杆长 AB=30mm，BC=70mm，CD=80mm，则机架最大杆长为（　　）。

  A. 80mm   B. 100mm   C. 120mm   D. 150mm

（9）某一铰链四杆机构，机架的杆长为 L_1=100mm，两个连架杆分别为 L_2=70mm，L_3=45mm，现要获得曲柄摇杆机构，连杆的长度不应大于（　　）

  A. 125mm   B. 75mm   C. 30mm   D. 15mm

（10）若曲柄摇杆机构以曲柄为主动件时，该机构（　　）。

  A. 有急回特性，无死点   B. 有急回特性，有死点

  C. 无急回特性，有死点   D. 无急回特性，无死点

3. 判断题（对的打 ✓，错的打 ✗）

（1）牛头刨床在刨削工件时，切削时速度慢一些，而退回时速度又快一些。 （　　）

（2）曲柄摇杆机构与双曲柄机构的区别在于前者最短杆为曲柄，而后者最短杆为机架。 （　　）

（3）双摇杆机构中，双摇杆摆动范围不受限制。 （　　）

（4）缝纫机踏板机构从动轴上的大飞轮，兼有增大惯性、使机构顺利通过死点的作用。 （　　）

（5）曲柄摇杆机构中，当摇杆为从动件时，机构有死点位置出现。 （　　）

（6）在杆长分别是 50mm、60mm、80mm 和 120mm 的铰链四杆机构中，选任意一杆作为机架，都可以使它成为双摇杆机构。 （　　）

4. 计算与实践题

（1）在图 4-16 所示的铰链四杆机构 $ABCD$ 中，已知：AB=140mm，BC=370mm，CD=250mm，AD=310mm。请问当分别取杆 AD、AB、CD 为机架时，机构的名称各是什么？

（2）在图 4-17 所示的铰链四杆机构中，已知：AB=450mm，BC=400mm，CD=300mm，AD=200mm。试问以哪个杆作为机架可以得到曲柄摇杆机构？如果以杆 BC 作为机架，会得到什么机构？如果以杆 AD 作为机架会得到什么机构？

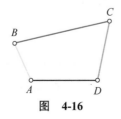
    图　4-16   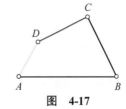图　4-17

（3）在图4-18中，已知 BC=100mm，CD=70mm，AD=50mm。AD 为固定件。

① 如果该机构能成为曲柄摇杆机构，且 AB 为曲柄，求 AB 的值。

② 如果该机构能成为双曲柄机构，求 AB 的值。

（4）如图4-19所示为电风扇摇头机构，问：

① ABCD 是哪种四杆机构？

② 该四杆机构的主动件是哪个杆件？在四杆机构中的名称是什么？

③ AB、CD 杆的运动方式是怎样的？

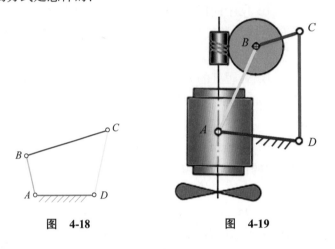

图 4-18　　　　　　图 4-19

4.2　凸轮机构

 知识链接

凸轮机构能实现复杂运动规律

如图4-20所示的凸轮机构，当顺时针旋转时，其运动规律如表4-2和图4-21所示。

表4-2　凸轮机构运动规律

凸轮转角（δ）	0°~90°	90°~180°	180°~360°
从动件运动	等速上升	停止不动	等速下降

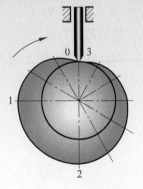

图4-20　凸轮机构

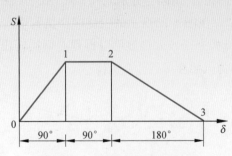

图4-21　凸轮机构位移曲线图

凸轮机构主要由凸轮、从动件和机架 3 个构件组成。凸轮是一种具有曲线轮廓或凹槽的构件，它通过与从动件高副接触，在运动时可以使从动件实现复杂的运动规律。因此，在机械工业中，凸轮机构是一种常用的机构，特别是在自动化机械中，应用更为广泛。

凸轮机构只要设计出适当的凸轮轮廓曲线，就可使从动件获得各种预期的运动规律，并且结构简单紧凑，工作可靠。但凸轮与从动件之间的运动副为高副，压强较大，容易磨损，凸轮轮廓加工较困难。

凸轮机构的分类

凸轮机构应用广泛，类型很多，通常按如下方法分类。

1. 按凸轮的形状分类

① 盘形凸轮：是一个具有变化径向的盘形构件（图 4-22），当它围绕定轴转动时，推动从动件在垂直凸轮轴的平面内运动。它是凸轮最基本的形式，因其结构简单，应用最广，但从动件的行程不能太大，多用于行程较短的场合。

② 移动凸轮：这种凸轮外形通常呈平板状（图 4-23），可以看成回转中心位于无穷远处的盘形凸轮。凸轮做直线运动时，从动件在其垂直方向移动，可获得与移动凸轮相同的运动轨迹，主要适用于仿形生产。

③ 圆柱凸轮：该凸轮是具有曲线凹槽的圆柱形构件（图 4-24），将从动件一端夹在凹槽中，当凸轮转动时，从动件沿沟槽直线往复移动或摆动。这种凸轮机构属于空间凸轮机构，可使从动件得到较大的行程，适合于行程较大的场合。

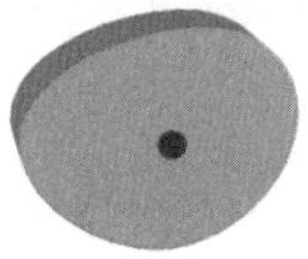

图 4-22　盘形凸轮

图 4-23　移动凸轮

图 4-24　圆柱凸轮

2. 按从动件的运动方式分类

① 移动从动件：从动件做往复直线移动，如图 4-25 所示。

(a) 尖顶

(b) 滚子

(c) 平底

图 4-25　移动从动件

② 摆动从动件：从动件做往复摆动，如图 4-26 所示。

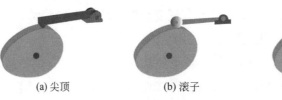

(a) 尖顶　　　　(b) 滚子　　　　(c) 平底

图 4-26　摆动从动件

3. 按从动件末端形状分类

① 尖顶从动件：如图 4-25（a）和图 4-26（a）所示，尖顶能与复杂的凸轮轮廓保持接触，因而能实现任意预期的运动规律，但尖顶极易磨损，故只适用于受力不大的低速场合。

② 滚子从动件：如图 4-25（b）和图 4-26（b）所示，为了减轻尖顶磨损，在从动件的顶尖处安装一个滚子。滚子与凸轮轮廓之间为滚动摩擦，磨损较小，可用来传递较大的动力，应用最广泛。

③ 平底从动件：如图 4-25（c）和图 4-26（c）所示，这种从动件与凸轮轮廓表面接触处的端面做成平底（即为平面），结构简单，与凸轮轮廓接触面间易形成油膜，润滑状况好，磨损小。当不考虑摩擦时，凸轮对从动件的作用力始终垂直于平面，故受力平稳，传动效率高，常用于高速场合。它的缺点是灵敏性较差，不能用于凸轮轮廓有凹曲线的凸轮机构中。

凸轮机构的应用

凸轮机构一般适用于实现复杂的运动规律且传递动力不大的场合，如自动机械、仪表、控制机构和调节机构中。

图 4-27 所示为汽车内燃机配气机构，盘形凸轮 1 做等速转动，通过其径向的变化可使从动件 2 按预期规律做上、下往复移动，从而达到控制气阀开闭的目的。

移动凸轮机构在靠模仿形机械中应用较广。图 4-28 所示为靠模车削机构，工件 1 回转，移动凸轮作为靠模被固定在床身上，刀架 2 在靠模板（移动凸轮）曲线轮廓的推动下做横向移动，从而切出与靠模板曲线一致的工件。

图 4-29 所示为自动车床上使用的走刀机构，当圆柱凸轮 1 转动时，依靠凸轮的轮廓（即曲线凹槽）迫使从动杆 2 绕固定轴做往复摆动，再通过从动件上的扇形齿轮 3 和齿条 4 啮合传动，迫使刀架 5 按一定规律运动，完成进刀或退刀动作。

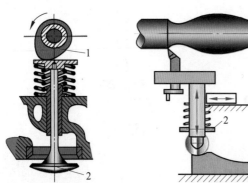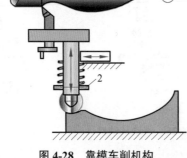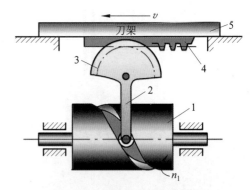

图 4-27　内燃机的配气机构　　　图 4-28　靠模车削机构　　　图 4-29　自动车床的走刀机构

凸轮机构的基本参数

1. 基圆

从动件尖顶在图 4-30（a）最低位置 A 时，以凸轮的最小半径 r_b 所作的圆称为基圆。r_b 称为基圆半径。

2. 行程和转角

当凸轮按逆时针方向转过一个角度 δ 时，从动件将上升一段距离，即产生一段位移。当凸轮等速转过 δ 时，从动件达到如图 4-30（b）所示的最高位置，此时从动件的最大升距称为行程，用 h 表示。凸轮转动角度 δ 称为转角。

3. 位移曲线

如图 4-30（c）所示，反映从动件的位移 s 与凸轮转角 δ 的关系的曲线称为从动件的位移曲线，即 s-δ 曲线。

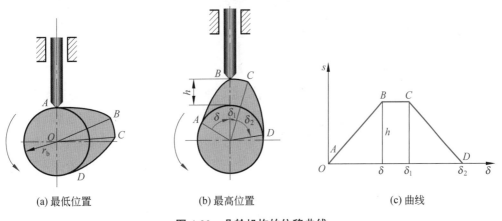

(a) 最低位置　　　　　(b) 最高位置　　　　　(c) 曲线

图 4-30　凸轮机构的位移曲线

4. 压力角

如图 4-31 所示的凸轮机构中，从动件与凸轮轮廓在 A 点接触，凸轮给从动件一作用力 F，其方向为沿接触点的法线方向，则力的作用线与从动件运动方向之间的夹角，叫作凸轮机构在该点的压力角，用 α 表示。

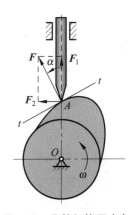

作用力可分解成两个分力：$F_1 = F\cos\alpha$，$F_2 = F\sin\alpha$。F_1 起着推动从动件的作用，称为有效分力，F_2 只是使从动件与支架间的正压力增大，从而使摩擦力增大，故称为无效分力。当压力角增大时，推动从动件运动的有效分力将变小，无效分力增大。故凸轮的压力角不能太大。

图 4-31　凸轮机构压力角

当 F 一定时，若压力角 α 增大，有效分力将变小，而使摩擦力增大。当达到一定值时，则从动件将会发生自锁（卡死）现象。

根据长期实践总结，机械专家总结出凸轮压力角 α 在下列范围，可保证从动件顺利运行。

移动从动件：推程压力角 $\alpha \leqslant 30°$。

摆动从动件：推程压力角 $\alpha \leqslant 45°$。

回程时：压力角 $\alpha \leqslant 80°$。

从动件的常用运动规律

从动件的运动规律是指其位移 s、速度 v、加速度 a 随时间变化的规律。从动件的运动规律取决于凸轮轮廓曲线的形状，即凸轮轮廓决定了从动件的运动规律。设计凸轮轮廓曲线时，首先根据工作要求选定从动件的运动规律，然后再按从动件的位移曲线设计出相应的凸轮轮廓曲线。最常用的运动规律有以下两种。

1. 等速运动规律

当凸轮以等角速度转动时，从动件等速上升或等速下降，这种运动规律称为等速运动规律。

图 4-32（a）为从动件做等速上升的位移图，位移曲线为斜直线，故又称直线运动规律。分析等速运动规律还可知道：从动件速度曲线（图 4-32（b））为水平线，速度 v 为一常数，但运动开始和运动终止的瞬间速度有突变；等速运动时不产生加速度，加速度曲线（图 4-32（c））始终为零。

等速运动时，凸轮曲线轮廓设计简单，加工较为容易。然而，从图 4-32（b）可以看出，从动件处于推程的开始位置时，在凸轮开始转动瞬间，从动件由静止状态突然以速度 v_1 上升运动，当上升到最高位置时由 v_1 聚变为零，两者均使瞬时加速度达到无穷大而引起刚性冲击（同时回程也存在刚性冲击），对构件产生很大的破坏力。因此，等速运动规律的凸轮机构只适用于低速和轻载的凸轮机构中。

为了避免刚性冲击或强烈振动，通常在位移曲线转折处采用圆弧、抛物线或其他曲线对凸轮从动件位移线图的两端点进行修正。

2. 等加速等减速运动规律

当凸轮转动时，从动件先做等加速运动，后做等减速运动的运动规律称为等加速等减速运动规律。

图 4-33（a）为从动件等加速等减速运动位移图，前半段做等加速运动，后半段做等减速运动，位移曲线为抛物线，故又称抛物线运动规律。分析等加速等减速运动规律还可知道：从动件速度曲线（图 4-33（b））为斜直线；加速度曲线（图 4-33（c））为平行于横坐标的直线，加速度为常数，但运动开始和运动终止位置的加速度产生有限突变，会使机构产生柔性冲击。

等加速等减速运动规律的凸轮机构的显著优点是无刚性冲击，可在较短时间完成从动件的推程，但凸轮轮廓曲线设计和制造都较困难。等加速等减速运动规律的凸轮机构只适用于中速、轻载的场合。

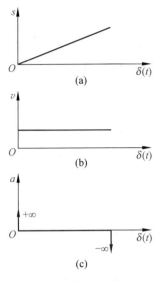

图 4-32 等速运动规律

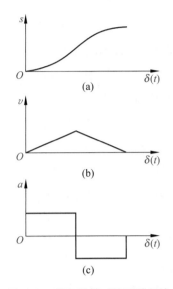

图 4-33 等加速等减速运动规律

　　除了上述两种常用的从动件运动规律之外，还有其他一些从动件运动规律，如用于高速场合的摆线运动规律、正弦加速度运动规律等。

练习与实践

1. 填空题

（1）按其形状不同，凸轮可分为 ＿＿＿＿＿ 凸轮、＿＿＿＿＿凸轮和＿＿＿＿＿凸轮。

（2）凸轮机构按从动杆运动形式可分为＿＿＿＿＿从动件凸轮机构和＿＿＿＿＿从动件凸轮机构。

（3）从动件做等速运动时，位移曲线为＿＿＿＿＿，但因运动开始和运动终止时速度有突变，从而导致机构产生强烈的＿＿＿＿＿冲击。

（4）从动件等加速等减速运动时，位移曲线为＿＿＿＿＿，因运动开始和运动终止时加速度产生有限突变，会使机构产生＿＿＿＿＿冲击。

（5）已知从动件最大位移为 20cm，运动规律如表 4-3 所示。

表　4-3

凸轮转角（δ）	0°~90°	90°~180°	180°~360°
从动件运动	等速上升	停止不动	等加速等减速至原处

① 符合上述运动规律的位移曲线图是图 4-34 中的＿＿＿＿＿；

② 该机构在＿＿＿＿＿易产生刚性冲击。

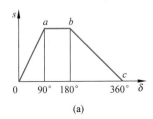
(a)

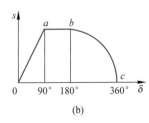
(b)

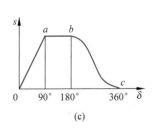
(c)

图　4-34

2. 选择题

（1）（　　　）从动件的行程不能太大。

    A. 盘形凸轮　　　　　　　B. 移动凸轮　　　　　　　C. 圆柱凸轮

（2）靠模车削机构应用的是（　　　）。

    A. 盘形凸轮　　　　　　　B. 圆柱凸轮　　　　　　　C. 移动凸轮

（3）适用于高速凸轮机构的是（　　　）。

    A. 平底从动件　　　　　　B. 滚子从动件　　　　　　C. 尖顶从动件

（4）与其他机构相比，凸轮机构最大优点（　　　）。

    A. 从动件的行程较大　　　　　　　　B. 可获得各种预期的运动规律

    C. 便于润滑　　　　　　　　　　　　D. 制造方便，可获得较高的精度

（5）压力角增大时，对（　　　）。

    A. 凸轮机构工作有利　　　B. 凸轮机构工作不利　　　C. 凸轮机构工作没有影响

（6）凸轮机构从动杆的运动规律是由（　　　）决定的。

    A. 凸轮转速　　　　　　　B. 凸轮形状　　　　　　　C. 凸轮轮廓曲线

（7）当凸轮机构的从动件选用等速运动规律时，其从动件的运动（　　　）。

    A. 会产生刚性冲击　　　　　　　　　B. 会产生柔性冲击

    C. 没有冲击　　　　　　　　　　　　D. 既有刚性冲击又有柔性冲击

3. 判断题（对的打 ✓，错的打 ✗）

（1）盘形凸轮机构从动件的运动规律，主要是决定于凸轮半径的变化规律。　　　　　（　　　）

（2）凸轮机构的从动件，都是在垂直于凸轮轴的平面内运动。　　　　　　　　　　（　　　）

（3）滚子从动件与凸轮轮廓之间为滚动摩擦，磨损较小，可用来传递较大的动力。　（　　　）

（4）平底从动件不能用于具有凹槽的凸轮。　　　　　　　　　　　　　　　　　　（　　　）

（5）凸轮转速的高低，影响从动件的运动规律。　　　　　　　　　　　　　　　　（　　　）

（6）凸轮机构从动件做等速运动，是由于凸轮是等速回转。　　　　　　　　　　　（　　　）

（7）凸轮机构从动件采用等加速或等减速运动规律，从动件在整个运动过程中速度不会发生突变，因而没有冲击。　　　　　　　　　　　　　　　　　　　　　　　　　　　　　　（　　　）

（8）凸轮轮廓曲线是根据实际要求而拟定的。　　　　　　　　　　　　　　　　　（　　　）

4. 简述与实践题

（1）凸轮机构有哪些特点？

（2）等速运动从动件的位移曲线是什么形状？该运动规律有何缺点？适用于何种凸轮机构？

（3）等加速等减速运动从动件的位移曲线是什么形状？该运动规律有何缺点？适用于何种凸轮机构？

（4）找出生产和生活中应用凸轮机构的实例，观察其凸轮和从动件分别属于何种类型。

4.3 间歇运动机构

能够将原动件的连续运动转变为从动件的周期性间歇运动（即从动件的运动—停止—运动）的机构称为间歇运动机构。在机械中，特别是在各种自动和半自动机械中，间歇运动机构同样有着广泛的应用，例如机床的刀架转位机构、分度机构、印刷机的进纸机构、电影放映机的送片机构及计数器的进位机构都采用间歇运动机构。本节只介绍棘轮机构和槽轮机构。

 棘轮机构

1. 棘轮机构的组成

棘轮机构主要由棘轮、棘爪、机架等组成。当摇杆向左摆动时,装在摇杆上的棘爪嵌入棘轮的齿槽内，推动棘轮朝逆时针方向转过一角度；当摇杆向右摆动时，棘爪便在棘轮的齿背上滑回原位，棘轮静止不动。为了使棘轮的静止可靠和防止棘轮反转，在机架上安装止回棘爪。这样，当曲柄做连续回转时，棘轮只能做单向的间歇运动。

2. 棘轮机构的类型

（1）单向式棘轮机构

如图 4-35 所示，摇杆向一个方向摆动时，棘轮向同一方向转过一个角度，而反向摆动时，棘轮静止不动。

（2）双向式棘轮机构

如图 4-36 所示，棘轮的齿制成矩形，棘爪可翻转。当棘爪处在左边位置时，棘轮逆时针间歇运动；当棘爪处在右边位置时，棘轮顺时针间歇运动。

（3）双动式棘轮机构

如图 4-37 所示，双动式棘轮机构同时应用两个棘爪，分别与棘轮接触。当主动件做往复摆动时，两个棘爪都能先后使棘轮朝同一方向转动。棘爪的爪端形状可以是直的，也可以是带钩头的，这种机构使棘轮转速增加一倍。

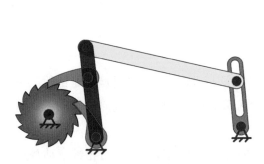

图 4-35 单向式棘轮机构

图 4-36 双向式棘轮机构

图 4-37 双动式棘轮机构

（4）摩擦式棘轮机构

如图 4-38 所示，摩擦式棘轮机构是采用一种无棘齿的棘轮，靠摩擦力推动棘轮转动和止动的间歇运动机构。棘轮逆时针转动时，通过棘轮与上方棘爪之间的摩擦来传递转动，右侧棘爪用于反向制动。

摩擦式棘轮机构的特点是转角大小的变化不受轮齿的限制，而齿式棘轮机构的转角变化是以棘轮的轮齿为单位的。因此，摩擦式棘轮机构在一定范围内可以任意调节转角，传动噪声小，但在传递较大载荷时易产生滑动。

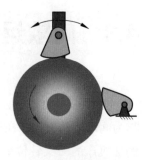

图 4-38　摩擦式棘轮机构

3. 棘轮机构的应用

齿式棘轮机构具有结构简单、运动可靠和棘轮转角调节方便的优点，但在其工作过程中，棘爪与棘轮接触和分离的瞬间存在刚性冲击，运动平稳性差。此外，棘爪在棘轮齿背上滑行时会产生噪声并使齿尖磨损。因此，齿式棘轮机构不适用于高速传动，常用于主动件速度不大、从动件行程需要改变的场合，如机床的自动进给、送料、自动计数、制动、超越等。当需要无级调节棘轮的转角时，则应采用摩擦式棘轮机构。摩擦式棘轮机构传递运动平稳、无噪声，但易产生打滑而使传动精度不高，常用于超越离合器。下面介绍几种典型棘轮机构的应用。

（1）牛头刨床工作台横向进给机构

牛头刨床工作台横向进给机构如图 4-39 所示。主动齿轮 1 与摆杆齿轮 2 为一体，主动齿轮 1 逆时针旋转时，摆杆齿轮 2 顺时针旋转，使连杆 3 带动棘爪 4 逆时针摆动。棘爪 4 逆时针摆动时，其上的垂直棘爪拨动棘轮 5 转过若干齿，使丝杠 6 转过相应的角度，从而实现工作台的横向进给。而当棘轮顺时针摆动时，由于棘爪后面为一斜面，只能从棘轮齿顶滑过，不能拨动棘轮，所以工作台静止不动，这样就实现了工作台的横向间歇进给。

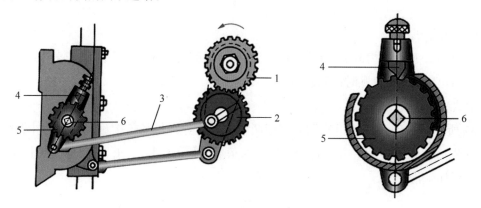

图 4-39　牛头刨床工作台横向进给机构

（2）自行车后轴上的飞轮结构

图 4-40 所示为自行车后轴的"飞轮"，实际上就是一个内啮合棘轮机构。飞轮的外圆周是链轮，内圆周棘轮轮齿，棘爪安装在后轴上。当脚蹬踏板时，链条带动内圈上有棘齿的链轮逆时针转动，此时通过棘爪作用同时带动后轮轴逆时针转动，从而驱动自行车前进。

在前进过程中，如果脚不踩动踏板，链轮随即停止转动。但这时由于惯性作用，后轮轴带动棘爪从链轮内缘的齿背上滑过（此时发出"嗒嗒"响声），仍在继续逆时针转动，即出现后轮轴的超越运动，这就是脚不踩动踏板自行车仍能自由滑行的原理。

（3）棘轮制动器

棘轮机构除用于间歇运动还可以起到制动作用。在一些起重设备牵引设备中，经常用棘轮机构作为制动器，以防止机构的逆转。图 4-41 为起重机的棘轮制动器。在提升重物的过程中，若发生设备故障或意外停电等原因造成动力源被切断，此时棘爪插入棘轮的齿槽中，制止棘轮在重物作用下的顺时针转动，使得重物停留在这个瞬时位置上，从而防止重物坠落而造成事故。

当重物提升到任何需要的高度位置时，为了节省能源，也可以人为地切断动力源而保持重物不动。

图 4-40　自行车后轴上的飞轮结构

图 4-41　防逆转棘轮机构

槽轮机构

1. 槽轮机构的组成

如图 4-42 所示为单圆柱销外啮合槽轮机构（又称马氏机构），它主要由主动拨盘、从动槽轮及机架组成。当拨盘做连续回转，槽轮则时而转动、时而静止不动。圆销进入槽轮径向槽内时，槽轮与拨盘以相反的方向转动；当圆销从径向槽内脱出时，槽轮上的内凹锁止弧被拨盘上圆弧卡住，故槽轮停止不动。直到圆销进入下一个径向槽内时，重复上述过程，使槽轮实现间歇单向运动。

单圆柱销外啮合槽轮机构主动拨盘每转一周，槽轮转过一个槽口，完成一次间歇运动，槽轮的转向与主动拨盘转向相反。

双圆柱销外啮合槽轮机构（图 4-43）主动拨盘每转一周，双圆销可使槽轮间歇转动两次，槽轮的转向与主动拨盘转向相反。

图 4-42　单圆柱销外啮合槽轮机构

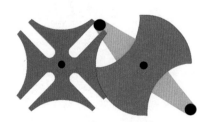
图 4-43　双圆柱销外啮合槽轮机构

2. 槽轮机构的特点和应用

槽轮机构结构简单，转位迅速，效率较高，与棘轮机构相比运转平稳，但工作时有冲击，制造与装配精度要求较高，且槽轮转角大小不能调节。

槽轮机构一般用于转速不是很高的自动机械、轻工机械和仪器仪表中。它在电影放映机送片机构等自动机械中得到了广泛的应用。

（1）电影放映机的送片机构（图4-44）

放映电影时，为了适应人眼的视觉暂留现象，要求影片做间歇移动，通常胶片以每秒24张的速度通过镜头，每张画面在镜头前有一短暂的停留，这一步进运动由槽轮机构实现。槽轮开有4条径向槽，当传动轴带动拨盘等角速度回转时，拨盘上的圆销驱动槽轮转动。拨盘每回转一周，槽轮转过90°，卷过胶片一张，并使画面有一段停留时间。

（2）自动机床刀架转位机构（图4-45）

该槽轮机构可根据零件加工工艺的要求，自动调换需要的刀具。

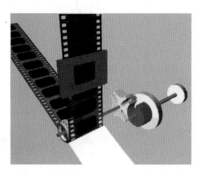
图4-44 电影放映机的送片机构

图4-45 自动机床刀架转位机构

拓展视野

间歇运动机构的类型有多种，除本节介绍的棘轮机构和槽轮机构，还有如图4-46所示的不完全齿轮机构、凸轮式间歇运动机构、蜗杆式间歇运动机构等。

(a)不完全齿轮机构

(b)凸轮式间歇运动机构

(c)蜗杆式间歇运动机构

图4-46 特殊间歇运动机构

你知道吗？

未来的机器体积将更小，重量将更轻

在传统机械系统中，为了增加一种功能，或实现某一种控制规律，往往依靠增加机构的办法来实现。例如，为了达到变速的目的，就要用变速箱；为了实现非线性运动规律控制，各种不同凸轮机构相继出现。但是，随着电气技术引入机械制造领域，笨重、复杂的变速箱可以用轻便的电子调速器装置来代替，过去靠各种机械机构实现运动，现在可以用计算机的控制软件方便实现。这样，未来机械结构将更简单，体积将更小，重量将更轻。例如，现代新型缝纫机中利用一块单片机控制针脚花样，就代替了老式缝纫机的上百个机械零件。

练习与实践

1. 填空题

（1）间歇运动机构常见的类型有_____机构和_____机构。它们的运动特点是主动件做_____时，从动件能产生_____。

（2）棘轮机构由_____、_____和_____组成。

（3）槽轮机构的主动件是_____，它以等角速度做_____运动，具有_____槽的槽轮是从动件，由它来完成间歇运动。

（4）双圆柱销外啮合槽轮机构，当曲柄转过一周时，槽轮转过_____槽口。

（5）间歇齿式棘轮机构在传动中，存在着严重的_____，所以只能用于低速和轻载的场合。

2. 选择题

（1）要实现棘轮转角大小的任意改变，应选用（　　）。

　　A. 双向式棘轮机构　　　B. 双动式棘轮机构　　　C. 摩擦式棘轮机构　　　D. 防逆转棘轮机构

（2）槽轮机构是将原动机的连续转动变为从动件的（　　）。

　　A. 连续运动　　　　　　　　　　　　B. 连续摆动

　　C. 时转时停的周期性转动　　　　　　D. 时转时停的周期性摆动

（3）单圆销外啮合四槽槽轮机构，曲柄每转一周，槽轮转过（　　）。

　　A. 60°　　　　　　　B. 45°　　　　　　　C. 90°　　　　　　　D. 120°

（4）主动拨盘每回转一周，槽轮反向完成两次步进运动的槽轮机构是（　　）。

　　A. 单圆销外啮合槽轮机构　　　　　　B. 单圆销内啮合四槽槽轮机构

　　C. 双圆销外啮合槽轮机构

（5）六角车床的刀架转位机构应用（　　）。

　　A. 棘轮机构　　　B. 槽轮机构　　　C. 间歇齿轮机构　　　D. 齿轮机构

3. 判断题（对的打 √，错的打 ✘）

（1）能使从动件做周期的时停、时动的机构，都是间歇运动机构。 （　　）

（2）棘轮机构的主动件是棘轮。 （　　）

（3）单向间歇运动的棘轮机构必须有止回棘爪。 （　　）

（4）棘轮机构只能用在要求间歇运动的场合。 （　　）

（5）摩擦式棘轮机构是"无级"传动的。 （　　）

4. 实践题

现给定 6 种类型的机构，它们的名称分别是：A. 槽轮机构；B. 摆动从动件盘形凸轮机构；C. 移动从动件盘形凸轮机构；D. 带传动机构；E. 曲柄摇杆机构；F. 螺旋传动机构。

请确定在给定的 6 种机构中，分别为下述需要实现的 4 种运动变换各选择一种机构，选择的结果填写在后面的空白处（用字母 A、B、C、D、E、F 表示，且上述给定的 6 种机构只能被分别选用一次）。

连续转动→连续转动　　　　选择结果：＿＿＿＿＿＿

连续转动→往复直线移动　　选择结果：＿＿＿＿＿＿

连续转动→往复摆动　　　　选择结果：＿＿＿＿＿＿

往复摆动→连续转动　　　　选择结果：＿＿＿＿＿＿

第5章　液压传动

2012 年 11 月，世界上吨位最大的矿用自卸车 DE400 在徐工集团成功下线。DE400 载重量达 400t，最高行驶速度为 50km/h，举升时间为 24s，可广泛用于各种露天矿产和特大工程土石方的运输，有效提高了运输能力并降低了每吨成本。

学习要求

- 了解液压传动的工作原理、基本参数和传动特点，明确液压传动系统的组成。
- 熟悉液压动力元件、执行元件、控制元件和辅助元件的结构、图形符号，理解其工作原理。
- 明确液压传动基本回路的组成、特点和应用，会识读一般液压传动系统图。

　　液压传动是用液体作为工作介质进行传递和控制的传动方式。它是根据17世纪法国著名数学家、物理学家帕斯卡的液体静压传动理论发展起来的一门新兴传动技术。如果从1795年英国约瑟夫·布拉曼发明的世界上第一台水压机问世算起，至今已有两百多年的历史。

　　液压传动具有传动能力大，可实现无级调速，传动平稳，自动过载保护和易实现自动化控制等优点。虽然液压油泄漏会造成传动比不准确，传动效率低，制造精度要求高，难于检查故障，但在各种机械的传动和控制中仍获得了极其广泛的应用（表5-1）。液压传动技术已成为一个国家工业发展水平的重要标志。

表5-1　液压传动的应用

行业名称	应用场所
工程机械	挖掘机、装载机、推土机、压路机、铲运机等
起重运输机械	液压起重机（图5-1）、港口龙门吊、叉车、装卸机械、皮带运输机等
矿山机械	凿岩机、开掘机、开采机、破碎机、提升机、液压支架等
建筑机械	打桩机、液压千斤顶、平地机等
农业机械	联合收割机、拖拉机、农具悬挂系统等
冶金机械	电炉炉顶及电极升降机、轧钢机、压力机等
轻工机械	打包机、注塑机、校直机、橡胶硫化机、造纸机等
汽车工业	自卸式汽车、平板车（图5-2）、汽车中的转向器、减振器等
智能机械	折臂式小汽车装卸器、数字式体育锻炼机、模拟驾驶舱、机器人等

图5-1　主臂伸缩达102米的液压起重机

图5-2　900吨液压升降平板车

人物介绍

帕 斯 卡

　　帕斯卡（1623—1662年，图5-3），法国著名数学家、物理学家、哲学家。他是概率论的奠基人，最早发现三角形之和为180°。帕斯卡在流体静力学和流体动力学研究方面做出了巨大的贡献，他提出了液体静压传动的原理——在密闭容器中，由外力产生的压强，能大小不变地传递到液体内部各点，后人把这一原理称为帕斯卡原理。

图5-3　帕斯卡

　　1795年，英国人约瑟夫·布拉曼依据帕斯卡原理发明了世界上第一台水压机，使液压传动技术成为各种机械传动和控制的重要技术。科学界为铭记帕斯卡的功绩，在国际单位制中规定"压强"单位为"帕斯卡"。在计算机领域，为纪念这位科学先驱，将1971年面世的计算机语言命名为"PASCAL"语言，使帕斯卡的英名长留在计算机时代里。

5.1 液压传动的工作原理

 液压传动工作原理

 交流与讨论

你看到过医院护士打针吗？注射器是怎样将药液"吸"进去的？

液压传动在机械中应用广泛，各种液压传动系统的结构形式各不相同，但其传动原理相似。现以液压千斤顶为例，说明液压传动的工作原理。

图 5-4 是常见液压千斤顶的工作原理图。它由大、小两个液压缸（液压缸 6 和液压缸 3 组成，内部分别装有活塞 7 和活塞 2，活塞与缸体之间保持一种良好的配合关系，不仅活塞能在缸体内滑动，而且配合面之间又能实现可靠的密封。当向上提起杠杆 1 时，活塞 2 上升，于是小液压缸 3 下腔的密封工作容积增大。这时，由于单向阀 4 和单向阀 5 分别关闭了它们各自所在的油路，在小缸的下腔便形成了部分真空，油箱 10 中的油液就在大气压的作用下推开单向阀 4 沿吸油孔道进入小缸的下腔，完成了一次吸油动作。接着压下杠杆 1 时，小活塞向下移，小缸下腔的工作容积减小，此时，油压升高，便把其中的油挤出，推开单向阀 5（此时单向阀 4 自动关闭了通往油箱的油路），油液便经两缸之间的连通孔道进入大液压缸 6 的下腔。由于大缸下腔也是一个密封的工作容积，进入的油液因受挤压而产生的作用力就推动大活塞 7 上升，并将重物 8 向上顶起一段距离。这样反复提起、压下杠杆 1，就可以使重物不断上升，达到起重的目的。

若将放油阀 9 旋转 90°，重物 8 和活塞 7 在大气压作用下，液压缸 6 中的油液流回油箱 10，活塞就下降至原位。

从液压千斤顶的工作过程可知：液压传动的工作原理是以油液为工作介质，依靠密封容积的变化来传递运动，依靠油液内部的压力传递动力。液压传动装置本质上是一种能量转换装置，它先将原动机（电动机或内燃机）的机械能转变为液体的液压能，然后利用执行元件（液压缸或液压马达）又将液压能转变为机械能，驱动负载。

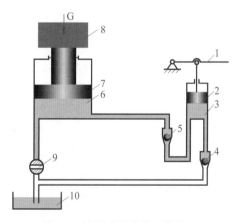

图 5-4 液压千斤顶的工作原理

 静压传递原理（帕斯卡原理）

通过液压千斤顶工作原理的学习讨论，同学们肯定会想为什么液压千斤顶在人力的作用下能顶起很重的物体？下面我们通过静压传递原理的学习讨论来搞清楚这一问题。

如图5-5所示为一密闭容器，容器内静止的油液受到外力和油液自重的作用。由于在液压系统中，通常是外力产生的压力大得多，为此可将液体自重的压力忽略不计。静止液体单位面积上所受的作用力称为静压力，液压传动中称压力（在物理学中则称为压强）。用公式表示为

$$P = \frac{F}{A}$$

式中：F ——油液受到的外力，单位为N；

A ——液体表面承压面积，即活塞的有效作用面积，单位为m^2；

P ——油液压力，单位为牛顿／平方米（N/m^2），称为帕［斯卡］（Pa），在工程上还经常用到兆帕（MPa）和巴（bar）这两个单位，其换算关系是：1MPa=10bar=10^{6}Pa。

液体静压力有如下特性：

① 静压力的方向垂直指向受压表面；

② 液体内任意一点受到各方向的静压力都相等。

那么静压力如何传递呢？17世纪法国物理学家、数学家、哲学家帕斯卡通过研究发现：在密闭容器中，由外力产生的压力将等值地传递到液体内部各点，这就是静压传递原理，又称帕斯卡原理，如图5-5所示。液压千斤顶、水压机等都是根据这个原理制成的。

图5-6中，设互通的两缸A和B的面积分别为A_1、A_2，作用力分别为F_1、F_2，则容器的压力分别为$P_1 = \frac{F_1}{A_1}$，$P_2 = \frac{F_2}{A_2}$。

根据帕斯卡原理有$P = P_1 = P_2$，故

$$\frac{F_1}{F_2} = \frac{A_1}{A_2}$$

即压力比等于面积比。由此，我们就可分析出液压系统对力的放大作用，解释液压千斤顶省力的原因。只要大、小缸的活塞面积比A_2/A_1越大，就越省力，即可用较小的力F_1产生很大的力F_2。

液压系统中的压力是由外界负载决定的，并随负载的改变而改变，与流量无关。

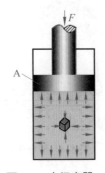

图5-5 密闭容器

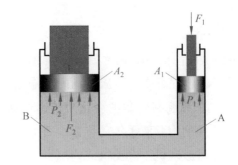

图5-6 静压传递原理

例 在图5-4所示的液压千斤顶工作原理图中，若已知大活塞7的直径d_2=60mm，小活塞2的直径d_1=20mm，手在杠杆1右端的着力点到左端距离为600mm，杠杆中间铰链到左端铰链的距离为30mm，问当F=80N，能顶起多重的物体？

解： ① 根据杠杆原理可得

$$F \times 600 = F_1 \times 30$$

$$F_1 = \frac{80 \times 600}{30} = 1600N$$

② 小液缸内压力为

$$P_1 = \frac{F_1}{A_1} = \frac{1600}{\frac{\pi d_1^2}{4}} = \frac{1600}{\frac{3.14 \times 0.02^2}{4}} = 5.1 \times 10^6 \, \text{Pa}$$

根据帕斯卡原理 $P = P_1 = P_2$，得大活塞上顶力 F_2 为

$$F_2 = P_2 A_2 = 5.1 \times 10^6 \times \frac{\pi d_2^2}{4} = 5.1 \times 10^6 \times \frac{3.14 \times 0.06^2}{4} = 14400 \text{N} = 1.44 \times 10^4 \, \text{N}$$

用 80 N 的力经过杠杆和液压系统放大了 180 倍，最后可举升起 1.44×10^4 N 的重物。

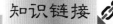
知识链接

液压系统的额定压力和压力分级

在正常条件下，液压设备按试验标准规定连续运转的最高压力称为额定压力。额定压力是液压元件的基本参数，液压设备正常工作压力应设置在额定压力以下。液压传动中压力分级见表5-2。

表 5-2　液压传动压力分级

压力等级	低压	中压	中高压	高压	超高压
压力（MPa）	≤2.5	2.5~8	8~16	16~32	>32

液压传动的组成

从液压千斤顶的工作原理图可以看出，液压系统主要由以下 5 个部分组成。

1. 动力元件

动力元件一般是指液压泵，其作用是将原动机的机械能转换成液压油的压力能。它是整个液压系统的动力来源。

2. 执行元件

执行元件是指液压缸或液压马达，其作用是将液压泵输出的液体压力能转换成工作部件运动的机械能，也是一种能量转换装置。

3. 控制元件

控制元件是指各种液压阀，其作用是控制和调节油液的压力、流量及流动方向，以满足液压系统的工作需要。

4. 辅助元件

辅助元件就是油箱、油管、过滤器、密封件、压力表等。其作用是保证液压系统能正常工作。

5. 工作介质

工作介质即传压液体，通常为矿物油。其作用是实现运动和动力的传递。

 液压传动系统的图形符号

图 5-7（a）为机床工作台液压传动系统的结构原理图，液压元件基本上是采用半结构式图形画出的。这种图形直观，便于理解，但图形复杂，难以绘制。为此，国内外广泛采用绘制元件图形符号来表示各种职能元件，依据国家标准 GB/T 786.1—2001 制定的液压系统各元件的图形符号，机床工作台液压传动系统的结构原理图可绘制成图 5-7（b）。

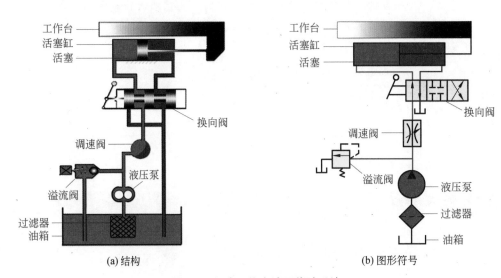

图 5-7　机床工作台液压传动系统

元件图形符号脱离了元件的具体结构，只表示零件的职能，使系统简化，原理简明，便于阅读、分析、设计和绘制。国家标准规定，元件图形符号应以元件的静止或零位来表示，若液压元件无法用图形符号表达，仍允许用结构原理图表示。

 液压传动系统的流量与平均流速

1. 流量

流量是指单位时间内流过某一截面处的液体体积（体积流量），用 q_v 表示。在时间 t 内流过的液体体积为 V，则流量为

$$q_v = \frac{V}{t}$$

流量的单位为米^3/秒（m^3/s），它和工程上常用单位升/分（L/min）的换算关系为

$$1\text{m}^3/\text{s} = 6 \times 10^4 \text{L/min}$$

2. 平均流速

液体在管道中流动时，由于具有黏性，在同一截面上各点的流动速度是不相同的。管道中间的速度最大，管壁处最小（速度为0），总体呈一抛物线分布，如图5-8所示。为了分析和计算的方便，我们假设通流截面上各点的流速分布是均匀的，并将液体在单位时间内移动的距离称为平均流速，用 v 表示，即

$$v = \frac{q}{A}$$

式中：q——流入液压缸或管道的油液流量，单位为 m^3/s；

　　A——活塞（或液压缸）的有效作用面积或管道的流通面积，单位为 m^2；

　　v——油液的平均流速，单位为 m/s。

在图5-9所示的液压缸中，液体的平均流速与活塞的运动速度相同，因此活塞运动速度与活塞有效作用面积和流量之间的关系同样可用 $v=q/A$ 表示。由此我们也可明白：液压缸的有效面积一定时，活塞的运动速度取决于输入液压缸的流量。

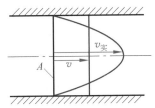　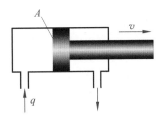

图5-8　实际流速（$v_实$）和平均流速（v）　　图5-9　活塞运动速度与流量之间的关系

拓展视野

重新崛起的水压传动技术

以水作为工作介质的液压传动技术，称为水压传动技术。在17世纪末及随后的一百多年里，水一直是液压传动的工作介质。后因水的黏度低、润滑性差、导电性强、气化压力高、磨蚀金属等问题，水逐渐地被矿物油所取代。

随着能源短缺的形势日益严峻和对环境保护的重视，人们又开始重新认识水这一清洁能源，重新以水作为液压系统工作介质，并引起发达国家的普遍关注。水具有清洁安全、廉价易得、无污染、再利用率高等突出优点，用其取代矿物油作为液压系统工作介质时不仅能够解决未来因石油枯竭带来的能源危机，而且能够最大限度地解决因矿物油泄漏和排放带来的污染和安全问题，最符合环境保护以及可持续发展的要求。

目前，一些发达国家投入巨大人力、物力和财力，从事水压传动技术的研究和开发，并取得了重大进展，已在食品加工业、焊接机器人、轧钢生产线上等得到了应用。可以预见，随着新材料、新技术不断涌现，通过创新发展，这一在第一次工业革命中诞生的传动技术又将重新崛起，必将得到越来越广泛的应用。

练习与实践

1. 填空题

（1）液压传动的工作原理是以_____为工作介质，依靠密封_____来传递运动，依靠油液内部的_____传递动力。

（2）液压传动装置本质上是一种能量转换装置，即_____→_____→_____。

（3）液压传动的最大优点是可实现_____调速，传递功率_____。

（4）帕斯卡原理告诉人们，由外力作用所产生的压力可以通过液体_____地传递到液体的_____。

（5）液压传动中按压力大小，分为5个等级，请根据表5-3中的压力数值范围填写出相应的压力等级。

表 5-3

压力等级					
压力范围（MPa）	>32	16~32	8~16	2.5~8	≤2.5

（6）流量是指单位时间内流过某一截面处的液体_____，单位为 m³/s。

（7）平均流速是指液体在单位时间内移动的_____，单位为 m/s。

（8）液压系统主要由_____元件、_____元件、_____元件、_____元件和工作介质5个部分组成。

2. 选择题

（1）液压系统中，压力的大小取决于（　　）。

    A. 负载　　　　　　B. 油液的流量　　　　C. 油液的流速　　　D. 泵的额定压力

（2）油液流过不同截面积的通道时，各个截面处的压力是与通道的截面积（　　）。

    A. 成反比　　　　　B. 成正比　　　　　　C. 相等　　　　　　D. 无关

（3）在静止的液体内部某一深度的一个点，它所受的压力是（　　）。

    A. 向上的压力大于向下的压力　　　　　B. 向下的压力大于向上的压力

    C. 各个方向的压力相等

（4）液压系统的动力元件是（　　）。

    A. 电动机　　　　　B. 液压泵　　　　　　C. 液压缸　　　　　D. 液压阀

（5）活塞有效作用面积一定时，活塞的运动速度取决于（　　）。

    A. 液压缸中油液压力　　　　　　　　　B. 负载阻力的大小

    C. 进入液压缸的流量　　　　　　　　　D. 液压缸的输出流量

（6）当负载不变时，若液压缸活塞的有效工作面积增大，液压缸中油液的压力（　　）。

    A. 变大　　　　　　　　　　　　　　　B. 变小

    C. 不变　　　　　　　　　　　　　　　D. 随活塞的运动速度变化而变化

（7）液压系统图一般采用元件的（　　　）。

    A. 结构图　　　　　　　B. 实物图　　　　　　　C. 图形符号　　　　　　D. 原理图

（8）如图 5-10 所示的弯管，通过的流量为 q_v，管道两段的截面积分别为 A_1、A_2，且 $A_1 : A_2 = 1 : 3$，则管道两截面之处的流速比是（　　　）。

    A. 1 : 3　　　　　　　B. 3 : 1　　　　　　　C. 1 : 1　　　　　　　D. 1 : 9

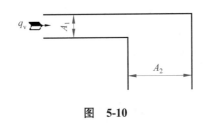

图　5-10

3. 连线题

液压系统主要由 5 个部分组成，请你将其所属元件连线。

                               矿物油

动力元件　　　　　　　　　　　压力表

执行元件　　　　　　　　　　　油箱

控制元件　　　　　　　　　　　压力控制阀、方向阀、流量阀

辅助元件　　　　　　　　　　　液压缸

工作介质　　　　　　　　　　　液压马达

                               液压泵

4. 判断题（对的打 ✓，错的打 ✘）

（1）液压传动装置实质是一种油液输送装置。　　　　　　　　　　　　　　　　（　　）

（2）液压传动可进行大范围无级调速。　　　　　　　　　　　　　　　　　　　（　　）

（3）液压传动系统中，由于油液具有一定的压力，所以安全性能差。　　　　　（　　）

（4）在液压传动系统中，压力的大小取决于油液的流动速度。　　　　　　　　（　　）

（5）液压系统中的压力的大小取决于负载。　　　　　　　　　　　　　　　　　（　　）

（6）液压传动系统中，液压缸是动力元件，液压泵是执行元件，油箱是控制元件。（　　）

（7）活塞的运动速度和油液的压力有关。压力越大，活塞的运动速度越大。　　（　　）

（8）活塞运动速度只与流量和活塞有效截面积有关，而与压力无关。　　　　　（　　）

（9）在液压传动系统中，流量等于平均流速与截面积的乘积。　　　　　　　　（　　）

（10）油液流经无分支的管道时，管道截面积小的地方平均流速大。　　　　　（　　）

5. 计算题

如图 5-11 所示液压千斤顶中，假定作用在小活塞上的力为 500N，$A_1 = 1 \times 10^{-3}$ m^2，$A_2 = 8 \times 10^{-3}$ m^2。求：

    ① 系统中的压力为多少？

    ② 大活塞能顶起多重的物体？

    ③ 哪个活塞运动速度快？快多少倍？

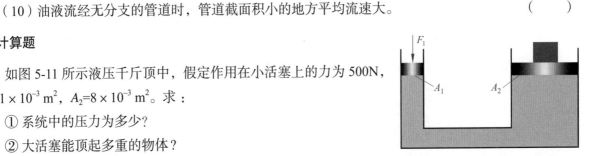

图　5-11

5.2　液压动力元件

　　液压动力元件是液压系统不可缺少的核心元件。液压泵是液压系统的动力元件，它将原动机（电动机、内燃机，也包括手动的）输出的机械能转换为液体传递的压力能，为最后的执行元件提供动力。液压泵有多种，但它们的工作原理都是一样的，掌握好它们的工作原理，能帮助我们更好地学习不同类型的液压泵，更好地使用和维护液压泵。

液压泵的工作原理和图形符号

　　如图5-12所示为单柱塞泵的结构示意图。原动机驱动偏心轮1转动，推动柱塞2在泵体4内上下往复运动，使密封容积 a 的大小发生周期性的交替变化。当柱塞2向下运动时，柱塞2与泵体4构成密封容积 a 逐渐增大，形成局部真空，油箱6中的油液在大气压作用下，顶开单向阀5进入泵体内，液压吸油。当柱塞2向上运动时，密封容积 a 逐渐缩小，使油液受到挤压而产生一定的压力，这时单向阀5关闭，密闭容积中的油液顶开单向阀3，沿油路到执行元件，完成压油。若偏心轮不停地转动，柱塞就不停地上、下往复运动，泵就不断从油箱吸油向系统供油。单向阀5和单向阀3的作用是阻止油液回流。综上所述，液压泵是利用密封容积的变化来实现吸油和压油的，其排油量的大小取决于密封腔的容积变化值，因而又称为容积泵。其工作原理就是吸油和压油过程。

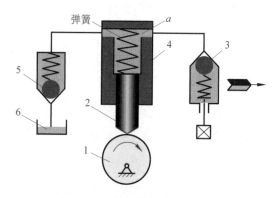

图5-12　液压泵的工作原理

交流与讨论

　　1. 液压泵吸油是因为密封容积_____，形成局部_____，并借助于大气作用完成；液压泵压油是因为密封容积_____，油液受到挤压产生压力，而将油液压出。

　　2. 液压泵吸油过程中，油箱为什么必须与大气相通？

　　液压泵按单位时间内输出的油泵体积是否可调节分为变量泵和定量泵。可调节的液压泵为变量泵，不可调节的为定量泵。它们的图形符号见表5-4。通常以单向定量泵和单向变量泵应用较为广泛。

　　液压泵按结构形式分为齿轮泵、叶片泵和柱塞泵。

表 5-4 液压泵的图形符号

液压泵类型	单向定量泵	单向变量泵	双向定量泵	双向变量泵
液压泵符号				

常用液压泵

1. 齿轮泵

将一对相互啮合的齿轮装入泵体可制成齿轮泵。齿轮泵的种类很多，按其啮合形式分为内啮合式（图 5-13）和外啮合式（图 5-14）两种。内啮合式齿轮泵体积小，噪声小，流量脉动小，但加工困难，目前应用较少。下面着重介绍机床行业及小功率机械的液压传动系统中应用广泛的外啮合低压齿轮泵。

图 5-13 内啮合式齿轮泵

图 5-14 外啮合式齿轮泵结构图

齿轮泵的泵体、端盖和齿轮各齿槽组成密封容积，两齿轮的齿顶和啮合线把密封容积分为吸油腔和压油腔两个部分，轮齿分离一侧不断从油箱吸油，轮齿进入啮合的一侧不断压油，如图 5-15 所示。

外啮合低压齿轮泵结构简单，价格低廉，自吸能力强，对油液污染不敏感。但噪声大，输油量不均匀，径向受力不平衡。因其流量不可调，通常为定量泵。外啮合低压齿轮泵广泛应用于压力小于 2.5MPa 的低压系统中，如负载小、功率小的叉车、农用拖拉机等车辆及机械送料、夹紧机构中所用的液压泵。

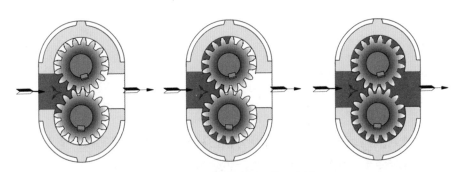

图 5-15 外啮合式齿轮泵的工作原理

2. 叶片泵

叶片泵按结构不同可分为单作用和双作用两类。单作用叶片泵一般为变量泵，双作用叶片泵一般为定量泵。

图 5-16 为单作用叶片泵原理图，当转子按逆时针方向旋转时，右边的叶片逐渐伸出，相邻两叶片间的容积逐渐增大，形成局部真空，油箱中的油液经油盘的吸油窗口吸入油腔，实现吸油。而左边的叶子被定子内壁逐渐压入槽内，密封容积逐渐减小而将油液经配油口压出，实现压油。

单作用叶片泵转子每转一周，叶片泵完成一次吸油、一次压油，故又称单作用叶片泵。改变单作用叶片泵转子与定子偏心距的大小和方向，就可改变输油量和输油方向，使其成为双向变量泵。

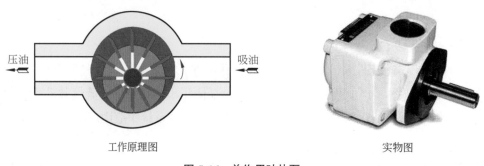

工作原理图　　　　　　　　实物图

图 5-16　单作用叶片泵

图 5-17 为双作用叶片泵原理图，其结构和原理与单作用叶片泵相似，不同的是双作用叶片泵的定子内表面形似椭圆，在端盖上，对应于 4 段过渡曲线位置开有 4 条沟槽，两条与泵的吸油槽相通，另外两条与泵的压油槽相通。转子旋转一周，叶片泵完成两次吸油、两次压油，故又称双作用叶片泵。由于这种泵的转子和定子是同心的，不能改变输油量，只能做定量泵。

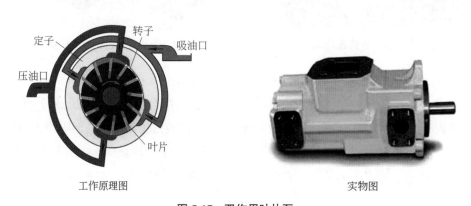

工作原理图　　　　　　　　实物图

图 5-17　双作用叶片泵

叶片泵具有寿命长、噪声低、流量均匀等优点，但是对油液污染敏感，自吸能力稍差，结构也较复杂，一般用于中压（6.3MPa）系统，如机床、汽车、工程机械、注塑机、装卸机械中所用的液压泵。

3. 柱塞泵

柱塞泵按柱塞的排列和运动方向不同，可分为轴向柱塞泵和径向柱塞泵。它是依靠柱塞在缸体内做往复运动，使密封容积发生变化来实现吸油和压油的液压泵。

如图 5-18 所示，轴向柱塞泵由柱塞、缸体和配油盘形成若干个密封工作腔。缸体旋转，配油盘和斜盘是固定的。缸体每回转一周，每个柱塞分别完成吸油、压油各一次。若改变斜盘倾斜角，就能改变柱塞往复的行程，也就改变了泵的供油流量。若改变斜盘倾斜角方向，则泵的吸油口、压油口互换，成为双向变量柱塞。因此，轴向柱塞泵可以做成单向或双向变量泵。

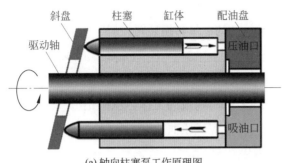
(a) 轴向柱塞泵工作原理图

(b) 轴向柱塞泵实物图

图 5-18 轴向柱塞泵

如图 5-19 所示，径向柱塞泵由定子、转子、柱塞和配油轴等组成。配油轴固定不动，定子和转子间有一偏心距，转子每转一周，每个柱塞各吸、压油一次。调节偏心距的大小，即可改变供油流量；当改变定子使偏心距从正值变为负值时，泵的吸油区、压油区就互换。因此，径向柱塞泵同样可以做成单向或双向变量泵。

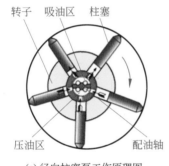
(a) 径向柱塞泵工作原理图

(b) 径向柱塞泵实物图

图 5-19 径向柱塞泵

柱塞泵具有密封性能好、压力大、结构紧凑、效率高以及流量调节方便等优点，缺点是结构复杂、价格较高，一般用于高压大流量和流量需要调节的液压系统，如锻压机械、起重机械、冶金机械、船舶等大功率系统。

交流与讨论

请根据所学的液压泵知识，完成如表5-5所示的讨论。

表 5-5 齿轮泵、叶片泵及柱塞泵的特点

类型	齿轮泵	单作用叶片泵	双作用叶片泵	轴向柱塞泵	径向柱塞泵
定量泵/变量泵					
使用压力					

练习与实践

1. 填空题

（1）液压泵是将_____能转换为_____的能量转换装置，属于_____元件。

（2）液压泵是利用_____变化来实现_____和_____的，故又称容积泵。

（3）单作用叶片泵一般为_____（变量、定量）泵，双作用叶片泵一般为_____泵。

（4）双作用叶片泵的两个叶片与转子和定子内表面所构成的工作容积，先由_____到_____完成吸油，再由_____到_____完成压油。

（5）柱塞泵是靠_____在_____内做往复运动，使_____而吸油和压油的，柱塞泵可分为_____和_____两类。

（6）在表5-6中写出液压泵名称或画出液压泵图形符。

表 5-6

液压泵类型	单向定量泵			双向变量泵
液压泵符号				

2. 选择题

（1）液压泵输出油液的多少，主要取决于（　　　）。

    A. 额定压力　　　　　　　　　　　　B. 负载

    C. 密封工作腔的容积大小变化　　　　D. 电机功率

（2）大多数高压液压系统的液压泵是（　　　）。

    A. 齿轮泵　　　　　B. 单作用叶片泵　　　C. 双作用叶片泵　　　D. 柱塞泵

（3）柱塞泵的特点是（　　　）。

    A. 密封性好，效率高，压力大　　　　B. 流量大且均匀，一般用于中压系统

    C. 结构简单，对油液污染不敏感　　　D. 价格低，应用较广

（4）单作用叶片泵只要改变转子中心与定子中心之间的偏心距和偏心方向，就能改变输出流量的大小和输油方向，成为（　　　）。

    A. 单向变量泵　　　B. 单向定量泵　　　C. 双向定量泵　　　D. 双向变量泵

（5）双作用叶片泵（　　　）。

    A. 定子与转子间有偏心距　　　　　　　　　　B. 为变量泵

    C. 转子每转一周，每个密封容积完成两次吸油和两次压油　　　D. 是非卸荷泵

3. 判断题（对的打 ✓，错的打 ✘）

（1）液压泵能吸油和压油，是由于泵的密封容积变化。　　　　　　　　　　　（　　　）

（2）液压传动中，必须将油箱完全密封起来，才能完成液压泵的正常吸油。　（　　　）

（3）外啮合齿轮泵位于轮齿逐渐进入啮合的一侧是吸油腔。　　　　　　　（　　）

（4）轴向柱塞泵既可以制成定量泵，也可以制成变量泵。　　　　　　　　（　　）

（5）改变轴向柱塞泵斜盘倾斜的方向就能改变吸、压油的方向。　　　　　（　　）

5.3　液压执行元件

液压执行元件是将液压泵提供的液压能转变为机械能的能量转换装置，它包括液压缸和液压马达。液压缸主要实现直线往复运动或往复摆动，液压马达主要实现回转运动。

液压缸结构简单，工作可靠，与杠杆、连杆、齿轮、棘轮棘爪、凸轮等机构配合，能实现多种机械运动，其应用比液压马达更为广泛，故本书着重介绍液压缸。

按结构不同，液压缸可分为活塞式、柱塞式、伸缩式等形式。

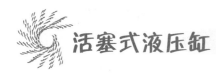 活塞式液压缸

活塞式液压缸分为单活塞杆式液压缸和双活塞杆式液压缸两种类型。

1. 单活塞杆式液压缸

单活塞杆式液压缸活塞只有一端带活塞杆，液压缸的活塞在两腔的有效作用面积 $A_{无杆}$、$A_{有杆}$ 不相等。图 5-20 为结构图，图 5-21 为图形符号。其工作特点如下。

① 活塞往返速度不相同：在输入流量不变的情况下，活塞无杆腔的进油速度 v_2 比有杆腔的进油速度 v_1 慢。这一特点常用于实现机床快退和工进。

② 活塞两个方向作用力不相等：在系统内压力不变的情况下，活塞无杆腔进油产生的推力 F_2 比有杆腔的进油的推力 F_1 大。

因此，可以发现单活塞杆式液压缸工作台慢速运动时，活塞的推力大；而工作台快速运动时，活塞的推力小。

单活塞杆式液压缸有缸体固定式和活塞杆固定式两种形式，但它们的工作台移动范围都是活塞有效行程的两倍，故此液压缸的运动范围较小。

单活塞杆式液压缸常用于慢速进给或快速退回的场合。

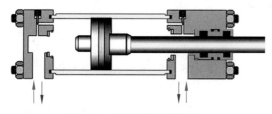

图 5-20　单活塞杆式液压缸

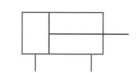

图 5-21　单活塞杆式液压缸图形符号

2. 双活塞杆式液压缸

双活塞杆式液压缸活塞两端面上都有一根活塞杆伸出缸筒外，且两活塞杆直径相等，即活塞两侧

有效面积相等，图 5-22 为结构图，图 5-23 为图形符号。

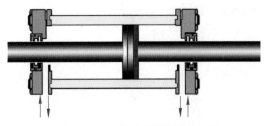

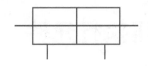

图 5-22　双活塞杆式液压缸结构图　　　　　图 5-23　双活塞杆式液压缸图形符号

双活塞杆式液压缸的工作特点是：当流入两腔中的液压油流量相等时，活塞的往复运动速度和推力相等。

双活塞杆式液压缸根据安装方式不同可分为缸体固定式和活塞杆固定式两种。缸体固定式的双活塞杆式液压缸左腔进油，推动活塞向右移动，右腔活塞杆向外伸出，左腔活塞杆向内缩进，液压缸右腔油液回油箱；反之活塞反向运动。整个工作台运动范围是活塞有效行程的 3 倍，因运动范围大，占地面积较大，主要用于要求往返运动速度相同的场合，适用于小型机床，如平面磨床工作台液压缸。而活塞杆固定式的双活塞杆式液压缸，整个工作台运动范围是活塞有效行程的两倍，因占地面积较小，常用于中型或大型机床或大型液压设备。

柱塞式液压缸

前面讨论的活塞式液压缸的应用非常广泛，但这种液压缸由于缸孔的加工精度要求很高，当行程较长时，加工难度大，使得制造成本增加。在生产中，某些场合所用的液压缸并不要求双向控制，柱塞式液压缸正是满足这种使用要求的一种价格低廉的液压缸。

如图 5-24 所示，柱塞式液压缸由缸筒、柱塞、导套、密封圈、压盖等零件组成，柱塞和缸筒内壁不接触，不需要精加工，工艺性好，成本低。图 5-25 为图形符号。

柱塞式液压缸在压力油的作用下只能实现单向运动，另一个方向和运动需要依靠它本身的自重（垂直放置时）或弹簧等其他外力来实现。为了得到双向运动，柱塞式液压缸通常成对使用。成对使用的柱塞式液压缸，其柱塞通常做成空心结构，这样可以减轻重量，防止柱塞下垂（水平放置时），降低密封装置的单面磨损。

柱塞式液压缸结构简单，制造方便，常用于工作行程较长的场合，如大型机床、矿用液压支架等。

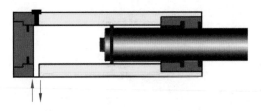

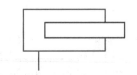

图 5-24　柱塞式液压缸结构图　　　　　图 5-25　柱塞式液压缸的图形符号

伸缩式液压缸

伸缩式液压缸由多级柱塞缸套组成，各节伸出时行程较大，缩回时结构紧凑，图 5-26 为图形符号。活塞伸缩顺序为：工作伸出时，由大到小逐次进行；空载缩回时，则由小到大。

　　伸缩式液压缸最突出的特点是活塞的工作行程长。该液压缸作用大、应用范围广，主要用于液压升降设备，如液压伸缩起重机（图 5-27）、液压自卸翻斗车（图 5-28）、液压升降台、消防设备伸缩装置等。

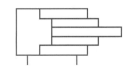  

图 5-26　伸缩式液压缸图形符号　　　图 5-27　液压伸缩起重机　　　图 5-28　液压自卸翻斗车

 练习与实践

1. 填空题

　　（1）液压缸是将_____转变为_____的能量转换装置，属于_____元件。按结构形式常分为_____、_____、_____等。

　　（2）单活塞杆式液压缸无杆腔的进油速度比有杆腔的进油速度_____。无杆腔推力比有杆腔推力_____。

　　（3）双活塞杆式液压缸左右移动时_____和_____均相等，这主要是由于两腔_____相等。双活塞杆式液压缸根据安装方式不同可分为缸体固定式和活塞杆固定式两种。前者活塞杆往复运动范围为有效行程的_____倍，后者为_____倍。

　　（4）在表 5-7 中写出液压缸名称或画出液压缸图形符号。

表　5-7

名　称	单活塞杆式液压缸		柱塞式液压缸	
图　示				

2. 选择题

　　（1）单活塞杆式液压缸（　　　）。

　　　　A. 活塞两个方向的作用力相等

　　　　B. 活塞有效作用面积为活塞杆面积两倍时，工作台往复运动速度相等

　　　　C. 其运动范围是工作行程的 3 倍

　　　　D. 常用于实现机床的快速退回及工作进给

　　（2）双活塞杆式液压缸以缸体为固定件时，活塞杆往复运动范围为有效行程的（　　　）倍。

　　　　A. 1　　　　　　　　B. 2　　　　　　　　C. 3　　　　　　　　D. 5

（3）对行程较长的机床，考虑到缸体的孔加工困难，所以采用（　　　）。

  A. 单活塞杆式液压缸　　　　　　B. 双活塞杆式液压缸　　　　　　C. 柱塞式液压缸

（4）要实现工作台往复运动速度不一致，可采用（　　　）。

  A. 单活塞杆式液压缸　　　　　　B. 双活塞杆式液压缸　　　　　　C. 柱塞式液压缸

（5）液压缸的运动速度取决于（　　　）。

  A. 压力　　　　　　　　　　　　B. 流量　　　　　　　　　　　　C. 压力和流量

3. 判断题（对的打 ✓，错的打 ✗）

（1）液压缸是将液压能转变为机械能。　　　　　　　　　　　　　　　　（　　　）

（2）单活塞杆式液压缸活塞往返运动速度不同，推力相同。　　　　　　　（　　　）

（3）液压系统中，要实现工作台往复运动速度相同，可采用双活塞杆式液压缸。（　　　）

（4）柱塞式液压缸在压力油作用下可以实现双向运动。　　　　　　　　　（　　　）

（5）作用在活塞上的推力越大，活塞的运动速度越大。　　　　　　　　　（　　　）

5.4　液压控制元件

在液压系统中，为了控制或调节液流的方向、压力和流量，以满足执行机构运动和动力的要求，就要用到液压控制阀。液压控制阀是液压系统中不可缺少的重要元件。按照功用不同，控制阀分为方向阀、压力阀和流量阀三大类。

方向阀

方向阀用于控制液压系统中油液的流动方向，按用途分为单向阀和换向阀两种类型。

1. 单向阀

单向阀的作用是只允许油液往一个方向流动，不可倒流，故又称止回阀。单向阀又可分为普通单向阀和液控单向阀两种。

（1）普通单向阀

图 5-29（a）为锥式普通单向阀，一般由阀体、阀芯、弹簧等零件组成。压力油从油口 A 进入，从出油口 B 流出。反向时，因油口一侧的压力油将阀芯紧压在阀体上，阀芯锥面使阀关闭，油流被切断。锥式普通单向阀阀芯阻力小，密封性能好，使用寿命长，应用较广，主要用于高压、大流量的液压系统中。图 5-29（b）为单向阀的图形符号。

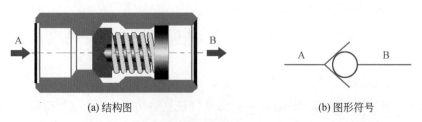

（a）结构图　　　　　　　　　　　　　　　　（b）图形符号

图 5-29　普通单向阀

（2）液控单向阀

在液压系统中，有时需要使被单向阀闭锁的油路重新接通，为此可把单向阀做成闭锁方向能够控制的结构，这就是液控单向阀。图5-30（a）为液控单向阀结构图，当控制口K不通压力油时，油液只能从A流向B，不可倒流；当控制口K通压力油时，控制活塞向右移动，顶开阀芯，使油口A和B相通，油液既可以从A流向B，也可以从B流向A。图5-30（b）为液控单向阀的图形符号。

液控单向阀具有良好的单向密封性能，常用于执行元件需要较长时间保压、锁紧等情况，也用于防止立式液压缸停止时自动下滑及速度换接等回路中。

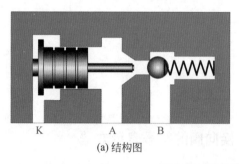
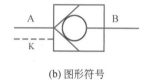

(a) 结构图   (b) 图形符号

图 5-30 液控单向阀

2. 换向阀

换向阀是通过阀芯与阀体相对位置的变换，实现改变油液流动方向，接通或关闭油路，从而控制执行元件的换向、启动或停止的装置。按阀芯运动方式不同，换向阀可分为滑阀式和转阀式两类，其中滑阀式使用较多。一般所说的换向阀是指滑阀式换向阀，下面介绍滑阀式换向阀的换向原理。

图5-31所示的三位四通换向阀有左、中、右3个工作位置和T、A、B、P 4个通路，P为进油口，T为回油口，A、B为通往执行元件两端的油口。

当滑阀和阀体处于图5-31（a）所示的中间位置时，滑阀的两个凸肩将A、B油口封死，并隔断进回油口P和T，执行元件不工作，处于停机状态。

若对滑阀施加一个从左往右的力使其右移，滑阀和阀体处于图5-31（b）所示位置时，阀体上P和A连通，B和T连通，压力油经P、A进入液压缸左腔，活塞右移，右腔油液经B、T流回油箱。

若对滑阀施加一个从右往左的力使其左移，滑阀和阀体处于图5-31（c）所示位置时，则P和B连通，A和T连通，活塞左移，左腔油液经A、T流回油箱。

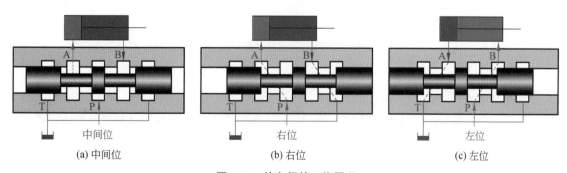

(a) 中间位   (b) 右位   (c) 左位

图 5-31 换向阀的工作原理

换向阀按滑阀在阀体内的工作位数和换向阀所控制的油口通路数，可分为二位二通、二位三通、二位四通、二位五通、三位四通、三位五通等类型。换向阀符号表示方法见表5-8。不同位数和通数是由阀体上的环形槽和滑阀上台肩的不同组合形成的。

表 5-8　常用换向阀的图形符号

名　称	符　号	名　称	符　号
二位二通	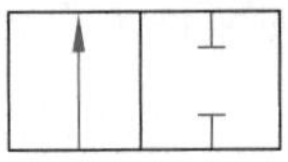	二位五通	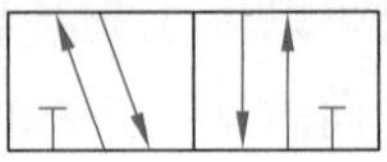
二位三通	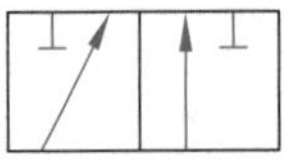	三位四通	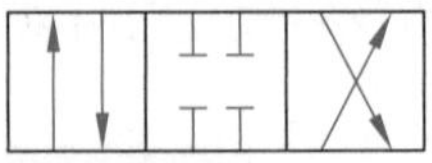
二位四通	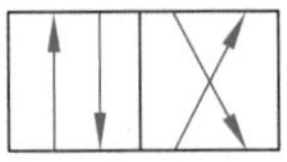	三位五通	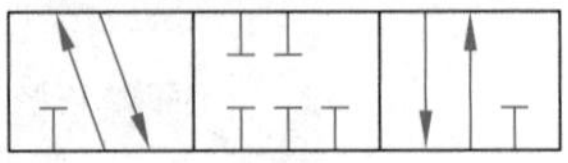

知识链接

换向阀的符号表示方法

（1）位数用方格数（一般为正方格，五通用长方格）表示，二格即二位，三格即三位。

（2）在一个方格内，箭头或封闭符号"⊥"与方格的交点数为油口通路数，即"通"数。箭头表示两油口连通，但不表示流向；"⊥"表示该油口不通流。

（3）控制机构和复位弹簧的符号画在主体的任意位置上（通常位于一边或中间）。

（4）P表示进油口，T表示油箱的回油口，A和B表示连接其他两个工作油路的油口。

（5）三位阀的中格、二位阀画有弹簧的一格为常态位。常态位应画出外部连接油口。

三位阀常态位各油口连通方式称为中位机能。中位机能不同，阀在中位时对系统的控制性能也不同。三位四通换向阀常见的中位机能类型主要有O型、H型、Y型、P型、M型，其符号、特点见表5-9。

表 5-9　三位四通换向阀的中位机能

机能类型	符　号	中位油口状况、特点及应用
O型	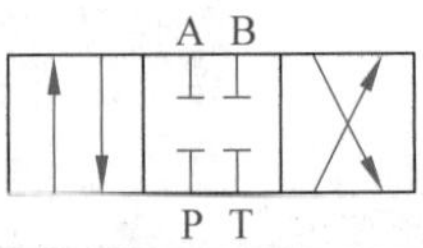	P、A、B、T四油口全部封闭，液压缸闭锁，液压泵不卸荷
H型	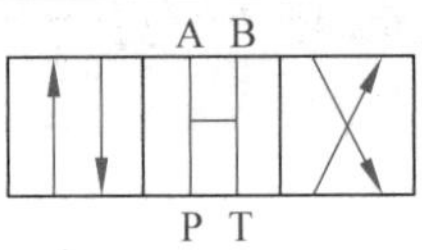	P、A、B、T四油口全部串通，液压缸活塞处于浮动状态，液压泵卸荷
Y型	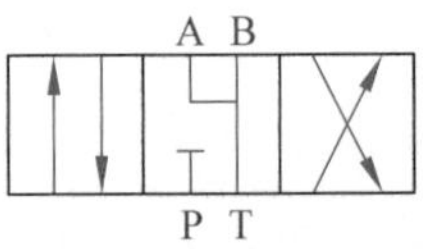	P油口封闭，A、B、T三油口相通，液压缸活塞处于浮动状态，液压泵不卸荷

续表

机能类型	符 号	中位油口状况、特点及应用
P型	A B / P T	P、A、B三油口相通，T油口封闭，液压泵与液压缸两腔相通，可组成差动连接
M型	A B / P T	P、T相通，A、B封闭，液压缸闭锁，液压泵卸荷

换向阀按操纵方式不同可分为手动控制、电磁控制、电液控制和机动控制，其操纵方式见表 5-10。

表 5-10 换向阀操纵方式图形符号

类 型	手 柄 式	机械顶杆式	机械滚轮式	机械弹簧式	单作用电磁式	加 压 式
图形符号						

压力阀

压力控制阀是控制液压系统中油液压力的一种控制元件。根据结构和作用不同可分为溢流阀、减压阀、顺序阀等类型。它们的共同特点是：利用油液的液压作用力与弹簧力相平衡的原理来进行工作。

1. 溢流阀

溢流阀通常接在液压泵出口处的油路上，使进入液压缸的多余油液经溢流阀流回油箱。溢流阀的主要作用：一是起溢流稳压作用，保持液压系统的压力恒定；二是起限压保护作用，防止液压系统过载。溢流阀常分为直动式溢流阀和先导式溢流阀。

（1）直动式溢流阀

图 5-32（a）为直动式溢流阀工作原理图，直动式溢流阀一般由阀体（包括进油口 P 和回油口 T 接油箱）、锥形阀芯、弹簧和调压螺丝组成。溢流阀的进油口压力始终与弹簧力保持平衡。图 5-32（b）为直动式溢流阀的图形符号。

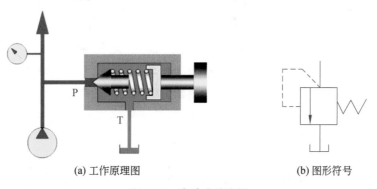

(a) 工作原理图   (b) 图形符号

图 5-32 直动式溢流阀

直动式溢流阀是通过调整弹簧作用力控制进油口的油液压力，从而保证进油口压力稳定的。

开始状态，阀芯在平衡弹簧力作用下，锥阀芯被弹簧压紧在阀座上，阀口关闭。

当进油口压力 P 小于溢流阀的调定压力 P_k 时，作用在阀芯上的液压作用力小于平衡弹簧力，阀口仍然关闭，没有油液溢流回油箱。

当进油口压力 P 等于或大于溢流阀的调定压力 P_k 时，压力 P 升高到能克服弹簧阻力时，便推开阀芯使阀口打开，油液就由进油口 P 流入，再从回油口 T 溢流回油箱，进油压力也就不会继续升高。

因此，通过调整弹簧作用力控制进油口的油液压力，可保证进油口的压力稳定。

直动式溢流阀特点是结构简单，灵敏度高，一般只能用于低压系统（$P \leqslant 2.5\text{MPa}$）或小流量处，最大调整压力为 2.5MPa。因为控制较高压力或较大流量时，需要安装刚度较大的硬弹簧，不但手动调节困难，而且阀口开度（弹簧压缩量）略有变化便会引起压力波动，所以不能稳定调压。

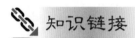 知识链接

溢流阀应用举例

1. 溢流稳压

图5-33（a）为一定量泵供油系统，执行机构油路上并联了一个溢流阀，起稳压作用。在系统正常工作的情况下，溢流阀阀口是常开的，进入液压缸的流量由节流阀调节，系统压力由溢流阀调节并保持恒定。

2. 过载保护

图5-33（b）为一变量泵供油系统，执行机构油路上并联了一个溢流阀，起防止系统过载保护作用，故称安全阀。此阀阀口在系统正常工作情况下是常闭的。在此系统中，液压缸需要的流量由变量泵调节，系统中没有多余的油液，系统的工作取决于负载的大小。只有当系统压力超过溢流阀的调定压力时，溢流阀阀口才打开，使油溢流回油箱，保证系统的安全。

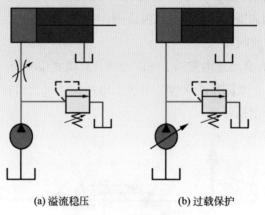

(a) 溢流稳压   (b) 过载保护

图 5-33 溢流阀的应用

（2）先导式溢流阀

如图 5-34（a）所示，先导溢流阀由先导阀和主阀两个部分组成。先导阀是一个小规格的直动式溢

流阀，其作用是控制压力。主阀阀芯是一个具有锥度、中间开有阻尼小孔的圆柱体，其功能在于溢流。图 5-34（b）为先导式溢流阀的图形符号。

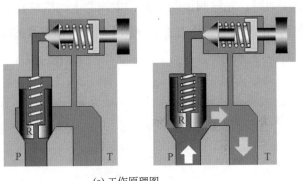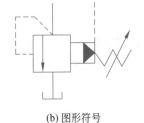

(a) 工作原理图　　　　　　　　　　　　　　　(b) 图形符号

图 5-34　先导式溢流阀

油液从进油口 P 进入，当 $P_{进口} < P_{调定}$ 时，即油液压力小于弹簧力，先导阀关闭，此时主阀内无油液流动，主阀 $P_{进口} = P_{后腔}$，主阀关闭，系统无溢流。

系统压力升高，$P_{进口} = P_{调定}$ 时，即油液压力等于弹簧力，此时先导阀开启，油液通过阻尼小孔，产生压力损失，使阀芯两端形成了压力差。主阀在此压力差作用下克服弹簧阻力向上移动，使进、回油口连通，达到溢流稳压的目的。拧动先导阀调压螺钉，便能调整溢流压力。

先导式溢流阀的特点是弹簧刚度小，调压轻便，振动小，噪声低，适用于中压系统（$P \leqslant 6.3\text{MPa}$）。

2. 减压阀

减压阀的作用是降低系统某一支路的油液压力，使同一系统有两个或多个不同的压力，以满足不同执行机构（如夹紧、定位、制动、离合等控制油路）的需要，并保持压力基本不变。

减压阀的工作原理是依靠油液通过缝隙（油阻）降压，通过调整弹簧作用力控制出油口的油液压力，从而保证出油口的压力稳定。缝隙越小，压力损失越大，减压作用就越大。减压阀有直动式和先导式两种，一般采用先导式。

图 5-35（a）为先导式减压阀的结构原理。它由先导阀和主阀两个部分组成。先导阀调压，主阀减压。主阀的进、出油口是相通的，即阀是常开的。压力为 P_1 的压力油从主阀的进油口流入，经过缝隙减压以后，压力降为 P_2，再从出油口流出，送往执行机构。图 5-35（b）为一般减压阀的图形符号，图 5-35（c）为先导式减压阀的图形符号。

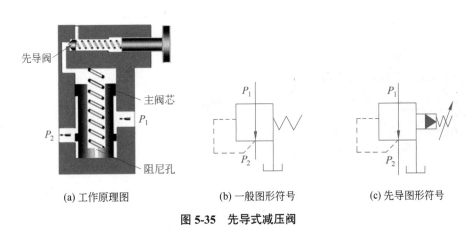

(a) 工作原理图　　　　　　(b) 一般图形符号　　　　　　(c) 先导图形符号

图 5-35　先导式减压阀

当负载较小，出油口压力 P_2 小于调定压力时，先导阀锥阀不打开，主阀芯上下两端的油压相等，在平衡弹簧作用下处于最下端位置。

当负载较大，出油口压力 P_2 达到调定压力时，先导阀锥阀打开，主阀芯上的阻尼孔有油液流过，产生压力差，使得主阀芯上端油压小于下端油压，主阀芯在压力差的作用下克服平衡弹簧的作用而上移，关小阀口，使出口压力下降到调定值。

知识链接

减压阀与溢流阀的主要区别如表5-11所示。

表 5-11　减压阀与溢流阀的主要区别

类　别	减压阀	溢流阀
连接方式	串联	并联
工作原理	通过调整弹簧作用力控制出油口的油液压力，从而保证出油口的压力稳定	通过调整弹簧作用力控制进油口的油液压力，从而保证进油口压力稳定
出油口连接情况	出油口与减压回路相连	出油口与油箱相连
进油口原始状态	常开	常闭

流量阀

流量阀是控制液压系统中液体流量的一种控制元件。流量阀通过改变节流口的开口大小调节通过阀口的流量，从而改变执行元件（液压缸或液压电动机）的运动速度。常用的流量阀有节流阀、调速阀等。

1. 节流阀

图 5-36（a）为普通节流阀的结构图。它的节流口为轴向三角槽式。工作时旋转调节螺母，可使阀芯做轴向移动，改变节流口的通流面积，从而调节通过节流阀的流量。节流阀结构简单，制造容易，体积小，使用方便，造价低，但负载和温度的变化对流量稳定性的影响较大。通常应用于负载和温度变化不大，或速度稳定性要求不高的液压系统。图 5-36（b）为普通节流阀的图形符号。

由于节流阀的流量不仅取决于节流口的大小，还与节流口前后压力差有关，因此节流阀只能调节速度，但不能稳定速度。节流阀通常用于负载较轻、速度不高或对速度稳定性要求不高的液压系统。

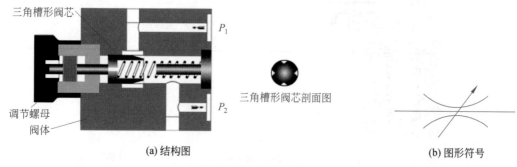

(a) 结构图　　　　　　　　　　　　　　(b) 图形符号

图 5-36　普通节流阀

2. 调速阀

图 5-37（a）为调速阀的工作原理图。调速阀是由减压阀 1（定差减压阀）与节流阀 2 串联而成的组合阀。定差减压阀与节流阀串联在油路中，可以使节流阀前后的压力差保持恒定，使执行机构的运动运动速度不因负载变化而变化，以保持稳定。在负载较大、速度较高或负载变化较大时采用调速阀。图 5-37（b）为普通调速阀的图形符号。

节流阀和调速阀的流量特性如图 5-38 所示。

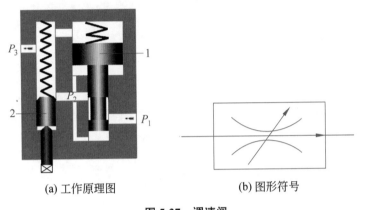

(a) 工作原理图　　　　　(b) 图形符号

图 5-37　调速阀

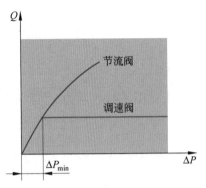

图 5-38　节流阀和调速阀的流量特性

 练习与实践

1. 填空题

（1）液压系统控制元件的作用是控制与调节液流的_____、_____和_____，以满足工作机械的各种要求。

（2）单向阀的作用是保证通过阀的液流只向_____流动，而_____反向倒流。单向阀一般由_____、_____、_____等零件构成。

（3）换向阀的作用是通过_____相对位置的变换，实现改变油液_____，接通或关闭油路，从而控制执行元件的换向、启动或停止。

（4）二位五通换向阀表明阀芯有_____个工作室，阀体有_____个向外界面。

（5）压力阀的工作原理是利用作用于阀芯上_____与_____平衡原理进行工作的。

（6）溢流阀在液压系统中的主要作用是：一是起_____作用，保持液压系统的压力_____；二是起_____作用，防止液压系统_____。

（7）无论调速阀的进口压力差如何变化，节流阀前后的_____基本不变，从而使通过阀的_____基本保持不变。

2. 选择题

（1）在液压系统中，二位四通电磁阀一般用于控制油缸的（　　　）。

　　A. 压力　　　　　　　　B. 速度　　　　　　　　C. 换向　　　　　　　　D. 平衡

（2）图 5-39 为液控单向阀的图形符号，当液控口 K 不接压力油时，（　　）。

  A. 油液流动方向是：仅从进油口 A 进油，从出油口 B 出油

  B. 油液流动方向是：可以从进油口 A 出油，从出油口 B 进油

  C. 进油口 A 与出油口 B 之间是不通的

  D. 进油口 A 与出油口 B 互通，油液流动方向不确定

（3）图 5-40 所示换向阀为（　　）。

  A. 二位三通   B. 二位四通

  C. 三位四通   D. 三位五通

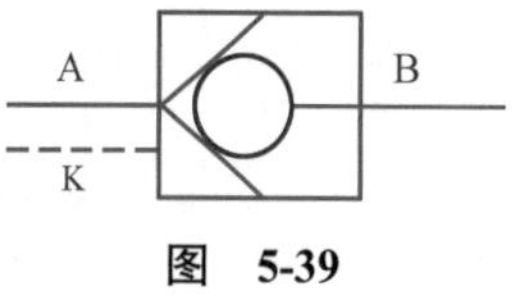

图 5-39 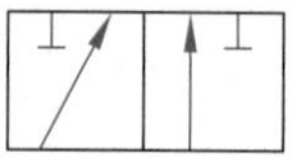   图 5-40

（4）如图 5-41 所示的三位四通换向阀处于中间位置时，能使液压泵卸荷的中位机能是（　　）。

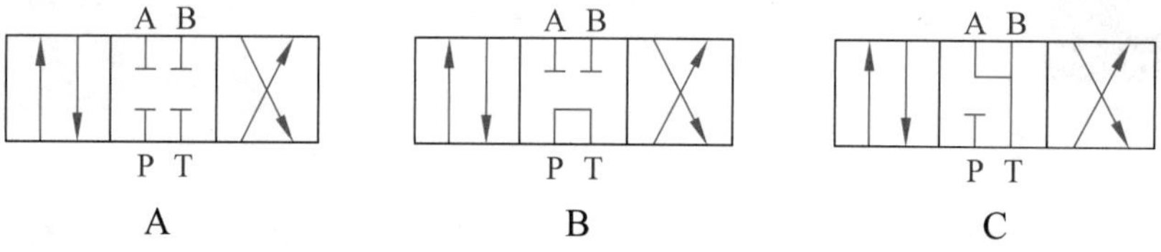

A   B   C

图 5-41

（5）可以使液压系统中油液保持一定压力，并可以用来防止系统超载，起安全保护作用的阀是（　　）。

  A. 换向阀   B. 节流阀   C. 溢流阀

（6）当液压系统中某一分支油路压力需要低于主油路压力时，则需要在分支油路上安装（　　）。

  A. 直动溢流阀   B. 先导溢流阀   C. 减压阀

（7）非工作状态时，减压阀和溢流阀的阀口情况是（　　）。

  A. 减压阀常闭，溢流阀常通   B. 两者都常闭

  C. 减压阀常通，溢流阀常闭   D. 两者都常通

（8）在液压系统中，控制液压缸活塞运动速度，一般采用（　　）。

  A. 溢流阀   B. 减压阀   C. 节流阀   D. 单向阀

（9）调速阀是由（　　）组成的。

  A. 单向阀与节流阀串联   B. 换向阀与节流阀串联

  C. 溢流阀与节流阀串联   D. 减压阀与节流阀串联

（10）若某一段时间内液压系统保持很大的压力，但执行元件速度很慢甚至不动时，就应使液压泵（　　）。

  A. 加大压力   B. 卸荷   C. 加速转动   D. 加大流速

3. 判断题（对的打 ✓，错的打 ✘）

（1）液控单向阀的控制油口不通压力油时，其作用与单向阀相同。 （　　）

（2）换向阀可控制工作台前进、后退或启停。 （　　）

（3）溢流阀当作安全阀使用时，系统正常工作时，该阀处于常闭状态。 （　　）

（4）减压阀的作用是降低整个系统的压力。 （　　）

（5）减压阀与溢流阀一样，出口油液压力为零。　　　　　　　　　（　　）

（6）与节流阀相比较，调速阀的显著特点是流量稳定性好。　　　　（　　）

4. 简述与实践题

（1）先导型溢流阀由哪几部分组成？各起什么作用？与直动型溢流阀比较,先导型溢流阀有什么优点？

（2）在表 5-12 中写出下列各图形符号所表示的控制阀名称。

表　5-12

控制阀名称			
图形符号	A B P T		P₁ P₂
控制阀名称			
图形符号	A B		

（3）如图 5-42 所示液压系统中：

① 元件 3 的作用是_____，其作用是将_____能转换为_____能。

② 元件 8、元件 9 组成_____，其作用是将_____能转换为_____能。

③ 节流阀 4、_____ 5、_____ 6 均属于_____元件。

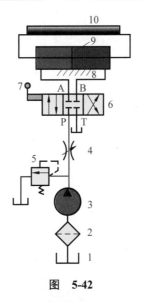

图　5-42

5.5　液压辅助元件

在液压系统中，除了动力元件（液压泵）、执行元件（液压缸）、控制元件（液压阀）外，还有一些必需的辅助元件来保证液压系统的正常工作。主要的辅助元件有油箱、油管、管接头、压力表、过滤器、蓄能器等。本书着重讨论常用的典型辅助元件。

过滤器

在液压系统中，保持液压油的清洁是十分重要的，油中的脏物会造成运动零件划伤、磨损，甚至卡死，还会堵塞阀和管的小孔，影响系统的工作性能并产生故障，因此需要过滤。通常情况下，泵的吸油口安装粗过滤器，泵的输出管路上、重要元件之前安装精过滤器。常用的过滤器有网式过滤器、线隙式过滤器、烧结式过滤器、纸芯式过滤器等，它们的实物图、图示符号、特点及应用见表 5-13。

表 5-13　常用过滤器的实物图、图示符号、特点及应用

类　别	网式过滤器	线隙式过滤器	烧结式过滤器	纸芯式过滤器
实物图				
图形符号	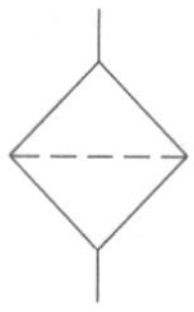			
特点及应用	通油性能好，粗滤	通油性能好，粗滤	耐高温，难清洗，精滤	不能清洗，精滤

油箱

油箱主要用于储油，还有散热、溢出溶解在油液中的空气和沉淀杂质的作用。油箱分为总体式和独立式两类，它们的实物图、图示符号、特点及应用见表 5-14。

表 5-14　总体式和独立式油箱实物图、图示符号、特点及应用

类　别	总体式油箱	独立式油箱
实物图	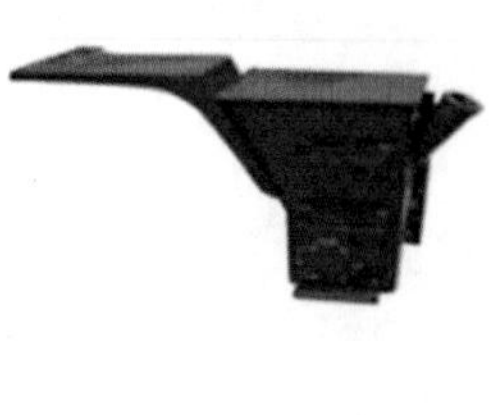 	

类　别	总体式油箱	独立式油箱
图形符号		
特点及应用	可利用床身或底座内的空间做油箱，结构紧凑，但散热不好，油温变化容易引起机床热变形，维修不便 应用于普通液压系统，如普通机床	设计布置灵活，对液压系统产生的不良影响小，维修保养方便 应用于要求高的液压系统，如精密液压机床

蓄能器

　　蓄能器是储存压力油的一种容器。它在系统中的主要作用是可以在短时间内释放大量压力油，补偿泄漏以保持系统压力，消除压力脉动与缓和液压冲击等。它是液压系统中的重要辅件元件，对保证系统正常运行、改善其动态品质、保持工作稳定性、延长工作寿命、降低噪声等起着重要的作用。蓄能器给系统带来的经济、节能、安全、可靠、环保等效果非常明显。

　　常用的蓄能器有充气式、弹簧式、重力式等，它们的实物图、结构图、图形符号、原理、特点及应用见表5-15。

表5-15　常用蓄能器的实物图、结构图、图形符号、原理、特点及应用

类　别	充　气　式	弹　簧　式	重　力　式
实物图			
结构图			
图形符号			

续表

类　　别	充　气　式	弹　簧　式	重　力　式
原理与特点	由耐压钢瓶、弹性气囊、充气阀、提升阀、油口等组成。利用气囊把油和空气隔开，有效防止气体进入油中 气囊惯性小，反应灵敏，适合用于消除脉动；不易漏气，没有油气混杂的可能；维护容易、附属设备少、安装容易、充气方便	依靠压缩弹簧把液压系统中的过剩压力能转化为弹簧势能存储起来，需要时释放出去 结构简单，容量小，输出压力小。但是因为弹簧伸缩量有限，而且弹簧的伸缩对压力变化不敏感，消除振动功能差	通过提升加载在密封活塞上的质量块把液压系统中的压力能转化为重力势能积蓄起来 结构简单、压力稳定。但安装局限性大，只能垂直安装；不易密封；质量块惯性大，不灵敏
应用	这种蓄能器是目前使用最多的，可做成各种规格，适用于各种大小型液压系统	只适合小容量、低压系统（$P \leqslant 1.0 \sim 1.2 \text{MPa}$），或者用做缓冲装置	仅供暂时储存能量用

油管

液压系统中常用的油管有钢管、铜管、橡胶软管、塑料管等。钢管常用于拆装方便的固定元件连接。低压系统用焊接钢管，中、高压系统用无缝钢管。紫铜管塑性好，易于弯曲，主要用于装配不方便连接的元件。橡胶软管、塑料管常用于有相对运动元件之间的连接。

练习与实践

1. 填空题

（1）液压辅助元件是液压系统的基本组成之一。常用的液压辅助元件有_____、_____、_____、_____、_____、_____等。

（2）过滤器是用来过滤液压油的，在通常情况下，泵的吸油口安装_____过滤器，泵的输出管路上、重要元件之前安装_____过滤器。

（3）油箱除了用来储油以外，还起到_____、_____和_____的作用。

（4）蓄能器是储存_____的一种容器。它在系统中的主要作用是可以在短时间内供应_____，补偿_____，消除_____与缓和_____等。

（5）在表 5-16 中画出液压辅助元件的图形符号。

表　5-16

名　　称	油　　箱	蓄　能　器	过　滤　器
图形符号			

2. 选择题

（1）蓄能器是一种（　　）的容器。

    A. 存储液压油　　　　　B. 过滤　　　　　　　C. 存储压力油

（2）下列选项中（　　）不是油箱的作用。

    A. 存储液压油　　　　　B. 分离油中的空气　　C. 存储压力油

（3）精密机床多采用（　　）。

    A. 床身和底座做油箱　　B. 单独油箱　　　　　C. 合用油箱

（4）消除压力脉动、缓和液压冲击最好的蓄能器是（　　）。

    A. 充气式　　　　　　　B. 弹簧式　　　　　　C. 重力式

（5）液压系统中，过滤器的作用是（　　）。

    A. 散热　　　　B. 连接液压管件　　C. 保护液压元件　　D. 吸收压力冲击

3. 判断题（对的打 ✓，错的打 ✗）

（1）通常情况下，在泵的输出管路上、重要元件之前装精过滤器。　　　　　（　　）

（2）纸芯式过滤器一般用于粗滤。　　　　　　　　　　　　　　　　　　（　　）

（3）液压系统中，有相对运动元件之间的连接通常选用橡胶软管和塑料管。（　　）

（4）精密机床多采用单独油箱。　　　　　　　　　　　　　　　　　　　（　　）

5.6　液压基本回路

    液压基本回路指的是由有关液压元件组成的用来完成特定功能的典型回路。用基本回路组成的系统，可以完成较复杂的动作。按油路功能不同，液压基本回路可分为方向控制回路、压力控制回路和速度控制回路。分析基本回路时，为了简明起见，油路中只画与回路功能相关的元件，其余部分均省略不画。

方向控制回路

    方向控制回路是用来控制执行元件启动、停止（包括锁紧）及换向的回路。方向控制回路有换向回路和锁紧回路。

1. 换向回路

    执行元件的换向一般由换向阀来实现。图 5-43 为采用三位四通电磁换向阀控制的换向回路。如图 5-43（a）所示，当电磁阀 1YA 通电时，左位接入系统，液压油经换向阀进入液压缸左腔，推动活塞右移；如图 5-43（b）所示，当电磁阀 2YA 通电时，右位接入系统，液压油经换向阀进入液压缸右腔，推动活塞左移；如图 5-43（c）所示，当电磁阀 1YA、2YA 同时断电时，进、出液压缸的油路被封闭，活塞停止运动。

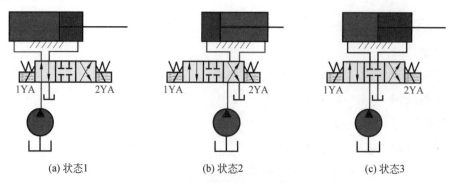

(a) 状态1　　　　　　(b) 状态2　　　　　　(c) 状态3

图 5-43 采用三位四通电磁换向阀的换向回路

根据执行元件换向要求的不同，可采用适当的换向阀进行换向。在机床夹具、油压机、起重机等不需要自动控制的场合，常采用手动换向阀来进行换向；而自动化程度较高的组合机床液压系统中则广泛采用电磁换向阀进行换向。

在采用容积调速时，也可以利用双向变量泵改变其输油方向来实现运动部件的换向。

2. 锁紧回路

为了使执行元件能在任一位置停留，并防止停止后窜动，可采用锁紧回路。图 5-44（a）为采用滑阀机能为 O 型三位四通电磁换向阀的闭锁回路，当 1YA、2YA 均断电时，三位阀处于中位，液压缸的两个工作油路口被封闭。由于液压缸两腔充满油液，而油液又是不可压缩的，所以向左或向右均不能使活塞移动，活塞被双向锁紧。

图 5-44（b）为滑阀机能为 M 型三位四通的电磁换向阀，它具有相同的锁紧功能。不同的是前者液压泵不卸荷，并联的其他执行元件运动不受影响，而后者液压泵卸荷。这种回路结构简单，但由于换向阀靠间隙密封，存在泄漏，故锁紧效果不好。

当锁紧效果要求较高时，可采用图 5-45 所示的液控单向阀组成的双向锁紧回路。如图所示，三位四通电磁换向阀阀芯处于 H 型中间位置时，液压泵卸荷，输出油液经换向阀流回油箱，由于系统无压力，液控单向阀 A 和 B 关闭，液压缸左右两腔的油液均不能流动，活塞被锁紧。

(a) 回路　　　　　　(b) 换向阀　　　　　　　　　　　　　　

图 5-44 采用具有锁紧功能的换向阀组成的闭锁回路　　　**图 5-45 采用液控单向阀的双向锁紧回路**

当 1YA 通电时，左位接入系统，压力油经液控单向阀 A 进入液压缸左腔，同时进入液控单向阀 B 的控油口，打开液控单向阀 B，液压缸右腔的油液可经单向阀 B 及换向阀流回油箱，活塞向右移运动。

当 2YA 通电时，右位接入系统，压力油经液控单向阀 B 进入液压缸右腔，同时打开液控单向阀 A，液压缸左腔的油液可经单向阀 A 及换向阀流回油箱，活塞向左移运动。

压力控制回路

采用压力控制阀来调节和控制系统或某一部分压力的回路称为压力控制回路。常见的压力控制回路有调压回路、减压回路和卸荷回路。

1. 调压回路

调压回路是指控制系统的工作压力，使其不超过预先调好的数值，或者使工作机构运动过程的各个阶段中具有不同的压力（两级或多级调速）。一般由溢流阀实现这一功能。

图 5-46 为单级调压回路。当系统压力达到溢流阀的调定值时，溢流阀开启，多余油液经溢流阀流回油箱，因此系统压力由溢流阀调定压力来决定。这种回路效率较低，一般用于流量不大的场合。它是液压系统应用十分广泛的回路。

图 5-47 为液压缸活塞在上下运动时具有两种不同压力的二级调压回路，它由两个溢流阀组成。活塞下降为工作行程，要求压力大，其压力由溢流阀 1 调定；活塞上升为返回行程，需要压力小，其压力由溢流阀 2 调定。

工作过程：人工控制换向阀阀芯右移，左位接入系统，由溢流阀 1 调定的压力油液（压力较大）经换向阀进入液压缸上腔，推动活塞下降，液压缸下腔油液经换向阀卸压回油箱，溢流阀 2 关闭不工作。当换向阀阀芯左移，右位接入系统，液压泵输出的压力油按溢流阀 2 调定的压力（压力较小）经换向阀进入液压缸下腔，推动活塞上升返回，此时溢流阀 1 调定压力高而关闭不工作，液压缸上腔的油液经换向阀回油箱。

2. 减压回路

用单泵供油的液压系统中，主系统压力较高，而其他支系统需要压力较低时，可用减压阀组成减压回路，如图 5-48 所示。主系统的最高工作压力由溢流阀调定，支系统的压力由减压阀调定。该系统常用于定位、夹紧机构。

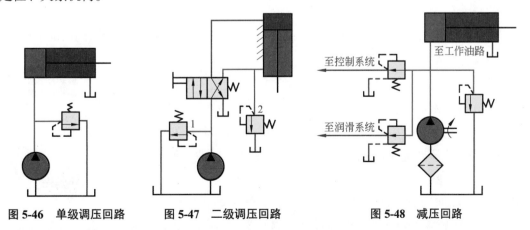

图 5-46 单级调压回路　　图 5-47 二级调压回路　　图 5-48 减压回路

3. 卸荷回路

当液压系统中的执行元件停止工作或需要长时间保持压力，应使液压泵卸荷。卸荷能在电动机不关闭的情况下，使液压泵输出的油液以最小压力直接流回油箱，使液压泵在接近零压的情况下运转，节省动力消耗，降低系统发热，减少泵的磨损，延长泵和电动机的使用寿命。

（1）换向阀卸荷回路

图 5-49 为用 H 型滑阀机能卸荷回路。当需要卸荷时，只要命令左右两边的电磁阀同时断电，使换向阀处于中位，因四个油口全部连通，液压泵输出的油经换向阀中间通道直接流回油箱，实现液压泵卸荷。这种卸荷回路除用 H 型外，也可以用 M 型和 K 型。这类卸荷回路结构简单，适用于低压、小流量的液压系统。

（2）溢流阀的卸荷回路

如图 5-50 所示，采用小型的二位二通阀，将先导溢流阀的远程控制口接通油箱，可使泵卸荷。

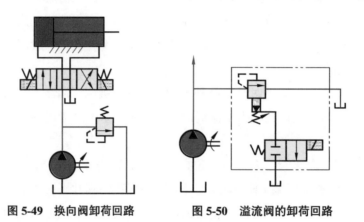

图 5-49　换向阀卸荷回路　　　图 5-50　溢流阀的卸荷回路

速度控制回路

用来控制执行元件运动速度的回路称为速度控制回路。速度控制回路包括调节执行元件工作行程速度的调速回路和使不同速度相互转换的速度换接回路。

1. 调速回路

调速回路有定量泵的节流调速回路、变量泵的容积调速回路和容积节流复合调速回路 3 种。

（1）节流调速回路

节流调速就是由定量泵供油，利用节流阀来调节控制进入液压缸的流量大小，从而实现对液压缸移动速度的控制的调速方法。该调速方法适合于定量泵和定量执行元件所组成的小功率液压系统。根据节流阀在回路中组装的位置不同，节流调速回路分为进油节流调速回路、回油节流调速回路和旁路节流调速回路 3 种。

① 进油节流调速回路。如图 5-51 所示，节流阀串联在液压缸进油路上，流入液压缸的流量通过改变节流阀通流截面积来调节，液压泵输

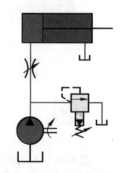

图 5-51　进油节流调速回路

出的多余油经溢流阀流回油箱。由于泵的流量总大于执行元件所需的流量，因此，溢流阀处于常开状态，泵的出口压力恒定。而液压缸进口的压力随负载变化而变化，故液压缸的运动速度随外载荷而变化。

该回路结构简单，使用方便；但效率低，速度调节的稳定性差，运动平稳性差。进油节流调速回路一般用于功率较小、负载变化不大的场合。

② 回油节流调速回路。如图 5-52 所示，节流阀串联在液压缸的回油路上，调节液压缸回油量以限制进油量来控制活塞的移动速度。液压缸的压力由溢流阀调定压力决定，与载荷无关。与进油节流调速回路相比，该回路有两个明显的优点：一是可调节流阀装在回油路上，回油路上有较大的背压，因此在外界负载变化时可起缓冲作用，运动的平稳性比进油节流调速回路要好；二是在回油节流调速回路中，经可调节流阀后压力损耗而发热，导致温度升高的油液直接流回油箱，容易散热。

该回路广泛应用于功率不大、负载变化较大或对运动平稳性要求较高的液压系统中。

③ 旁路节流调速回路。如图 5-53 所示，节流阀安装在分支油路上并与液压缸并联。泵输出的油液分成两路，一路进入液压缸，另一路通过节流阀流回油箱，回路中溢流阀只起保护作用。因回油路中只有节流损失，无溢流损失，功率损失小，系统效率较高；但存在速度负载特性差、启动不平稳等缺点，因而仅用于高速、重载、对速度平稳性要求不高的场合。

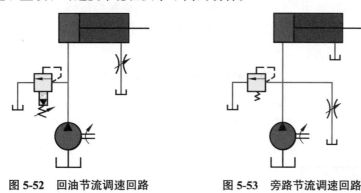

图 5-52　回油节流调速回路　　　　图 5-53　旁路节流调速回路

（2）容积调速回路

容积调速回路是通过改变变量泵或变量马达的排量来实现调速的。图 5-54 为变量泵调速回路，变量液压泵输出的压力油液全部进入液压缸，推动活塞运动。通过改变变量泵的排量来调节活塞的运动速度。回路中的溢流阀起安全保护作用，正常工作时常闭，当系统过载时才打开溢流，因此，溢流阀限定了系统的最高压力。

与节流调速回路相比，容积调速回路的压力和流量损耗小，效率高，发热少；但结构复杂，成本高，维修困难。容积调速回路主要用于功率大并需要一定调速范围的液压系统。

（3）容积节流复合调速回路

采用变量泵和节流阀（或调速阀）相配合进行调速的回路称为容积节流复合调速回路。图 5-55 是由变量泵和调速阀组成的容积节流复合调速回路。该回路中，变量泵的输出流量能自动与调速阀调节的流量相适应，只有节流损失，没有溢流损失，因此效率高，发热量小。同时，这种回路采用调速阀，液压缸的运动速度基本不受负载变化的影响，即使在较低的运动速度下工作，运动也较稳定。容积节流复合调速回路宜用于负载变化大且大部分时间在低负载下工作的场合。

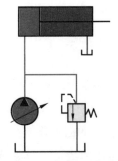 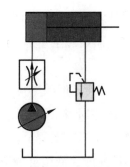

图 5-54　变量泵调速回路　　　　　图 5-55　容积节流复合调速回路

2. 速度换接回路

（1）差动连接的快速运动回路

图 5-56 为利用液压缸差动连接获得快速运动的回路。当 1YA 接通时，二位三通换向阀处于左位，液压缸回油直接接回油箱，此时，执行元件可以承受较大的负载，运动速度较低。当 1YA 断电时，二位三通换向阀处于右位，液压缸形成差动连接，液压泵输出的油液和从液压缸小腔流回的油液合并进入液压缸的大腔，从而实现了活塞的快速运动。

液压缸差动连接的快速运动回路是在不增加液压泵输出流量的情况下，提高工作部件运动速度的一种快速回路。其结构简单，适用于要求运动速度较快的液压系统中。

（2）慢速与快速的换接回路

图 5-57 为采用短接流量阀的速度换接回路。图示为 2YA 短接，二位二通电磁换向阀左位工作，回油节流回路，液压缸活塞慢速向右运动。当 2YA 接通，二位二通电磁换向阀右位工作时，流量阀（调速阀）被短接，回油直接经二位二通电磁换向阀流回油箱，速度由慢速转换为快速。两个换向阀配合，可实现"快进—工进—工退—快退"的工作循环。这种回路比较简单，应用相当普遍。

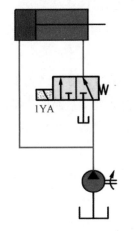 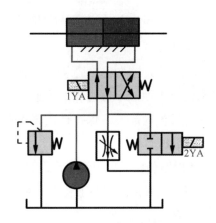

图 5-56　差动连接的快速运动回路　　　　图 5-57　慢速与快速的换接回路

例　如图 5-58 所示的液压系统可实现"快进—工进—快退—原位停止"及液压泵卸荷的工作循环，试完成以下要求：

① 请说明图中标注序号的液压元件的名称和作用。

② 请说明电磁换向阀的动作顺序。

③ 分析本系统由哪些液压基本回路组成。

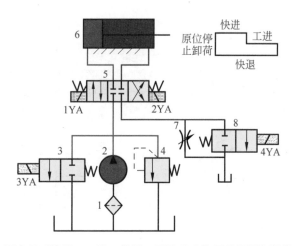

图5-58 可实现"快进—工进—快退—原位停止"及液压泵卸荷的液压系统

解：① 液压元件的名称和作用如表5-17所示。

表5-17 液压元件的名称和作用

序号	元件名称	元件作用	序号	元件名称	元件作用
1	过滤器	过滤油液	5	三位四通电磁换向阀	控制执行元件换向
2	单向定量泵	供压力油	6	单活塞杆式液压缸	实现机械运动
3	二位二通电磁换向阀	控制液压泵卸荷	7	节流阀	调节液压缸运动速度
4	溢流阀	稳压溢流	8	二位二通电磁换向阀	快慢速换接

② 电磁换向阀的动作顺序如表5-18所示（通电为"+"，断电为"−"）。

表5-18 电磁换向阀的动作顺序

电磁阀动作	1YA	2YA	3YA	4YA
快进	+	−	−	+
工进	+	−	−	−
快退	−	+	−	+
原位停止	−	−	−	−
卸荷	−	−	+	−

③ 该液压系统由换向回路、锁紧回路、调压回路、回油节流调速回路、快慢速换接回路、卸荷回路组成。

知识链接

MJ-50型数控车床液压系统图识读

MJ-50型数控车床由液压系统实现的动作：卡盘的夹紧与松开、刀架的夹紧与松开、刀架的正转与反转、尾座套筒的伸出与缩回。

图5-59为MJ-50型数控车床的液压系统。该数控车床的液压系统采用单向变量泵供油，系统压力调至4MPa并由压力表5显示。泵输出的压力油经过单向阀4进入系统，液压系统中各电磁阀的电磁动作由数控系统的可编程序控制器控制。各电磁动作见表5-19。

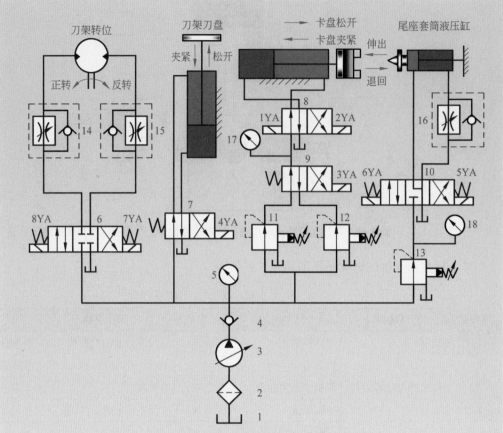

图 5-59　MJ-50 型数控车床的液压系统

1—油箱；2—滤油器；3—液压泵；4—单向阀；5、17、18—压力表；

6—10—换向阀；11—13—减压阀；14—16—单向调速阀

表 5-19　液压系统中各电磁阀的电磁动作

动　作			电　磁　阀							
			1 YA	2 YA	3 YA	4 YA	5 YA	6YA	7YA	8YA
卡盘正卡	高压	夹紧	+	−	−					
		松开	+	+	−					
	低压	夹紧	+	−	+					
		松开	−	+	+					
卡盘反卡	高压	夹紧			+					
		松开	+	−	−					
	低压	夹紧	−	+	+					
		松开	+	−	+					
刀　架		松　开				+				
		夹　紧								
		正　转							−	+
		反　转							+	−
尾　座		套筒伸出					−	+		
		套筒缩回					+	−		

1.卡盘的夹紧与松开

当卡盘处于正卡（或称外卡）且在高压夹紧状态时，夹紧力的大小由减压阀11来调整，夹紧压力由压力表17来显示。当1YA通电时，换向阀8左位工作，系统压力油经减压阀11、换向阀9、换向阀8到液压缸右腔，液压缸左腔的油液经换向阀8直接回油箱，此时活塞杆左移，卡盘夹紧。

反之，当2YA通电时，换向阀8右位工作，系统压力油经减压阀11、换向阀9、换向阀8到液压缸左腔，液压缸右腔的油液经换向阀8直接回油箱，此时活塞杆右移，卡盘松开。

当卡盘处于正卡且在低压夹紧状态时，夹紧力的大小由减压阀12来调整。此时，3YA通电，换向阀9右位工作。换向阀8的工作情况与高压夹紧时相同。

2.回转刀架的回转

回转刀架换刀时，首先是刀架松开，其次刀架转位到指定位置，最后夹紧。当4YA通电时，换向阀7右位开始工作，刀架松开。此时若8YA通电时，液压马达带动刀架正转，转速由单向调速阀14控制；此时若7YA通电时，则液压马达带动刀架反转，转速由单向调速阀15控制。

当4YA断电时，换向阀7左位工作，液压缸使刀架夹紧。

3.尾座套筒缸的伸缩运动

当6YA通电时，换向阀10左位工作，系统压力油经减压阀13、换向阀10到尾座套筒液压缸的左腔，缸筒带动尾座套筒伸出，液压缸右腔经单向调速阀16、换向阀10回油箱，伸出时的预紧力大小通过压力表18显示；反之，当5YA通电时，换向阀10右位工作，系统压力油经减压阀13、换向阀10、单向调速阀16到尾座套筒液压缸的右腔，液压缸左腔经换向阀10回油箱，缸筒带动尾座套筒缩回。

✎ 练习与实践

1. 填空题

（1）液压基本回路指的是由_____组成的用来_____的典型回路。

（2）按油路功能不同，液压基本回路可分为_____、_____和_____。

（3）方向控制回路是用来控制执行元件_____、_____及_____回路。方向控制回路有_____回路和_____回路。

（4）卸荷回路的功用是使电动机不关闭的情况下，使液压泵输出的油液以最小压力直接流回油箱，使液压泵在接近_____的情况下运转，以_____，减少泵的磨损，延长泵和电动机的使用寿命。

（5）液压调速回路可分为_____调速、_____调速、_____调速三大类。

（6）在液压基本回路中，将节流阀串联在液压泵与液压缸之间，构成_____节流调速回路。

2. 选择题

（1）为了使执行元件能在任意位置上停留，以及在停止工作时防止在受力的情况下发生移动，可采用（　　　）。

      A. 调压回路　　　　　　B. 减压回路　　　　　　C. 锁紧回路　　　　　D. 节流调速回路

（2）液控单向阀的锁紧回路比用滑阀机能为中间封闭或PT连接的换向阀闭锁回路效果好，其原因是（　　　）。

      A. 液控单向阀结构简单

      B. 液控单向阀具有良好的密封性

      C. 换向阀闭锁回路结构复杂

      D. 液控单向的闭锁回路锁紧时，液压泵可以卸荷

（3）采用压力控制阀来调节和控制系统或某一部分压力的回路称为（　　　）。

      A. 换向回路　　　　　　B. 速度控制回路　　　　C. 压力控制回路

（4）调压回路所采用的主要液压元件是（　　　）。

      A. 减压阀　　　　　　　B. 节流阀　　　　　　　C. 溢流阀

（5）若某一段时间内液压系统保持很大的压力，但执行元件速度很慢甚至不动时，就应使液压泵（　　　）。

      A. 加大压力　　　　　　B. 卸荷　　　　　　　　C. 加速转动　　　　　D. 加大流速

（6）卸荷回路（　　　）。

      A. 可节省动力消耗，减少系统发热，延长液压泵寿命

      B. 可使液压系统获得较低压力

      C. 不能用换向阀实现卸荷

      D. 只能用滑阀机能为中间开启型的换向阀

（7）限制液压泵的最高压力，起安全保护作用的是（　　　）。

      A. 增压回路　　　　　　B. 减压回路　　　　　　C. 调压回路　　　　　D. 卸荷回路

（8）速度控制回路一般通过改变进入执行元件的（　　　）来实现对液压缸运动速度的控制。

      A. 压力　　　　　　　　B. 流量　　　　　　　　C. 功率

（9）下列节流调速回路中，效率高的是（　　　）。

      A. 进油节流调速回路　　　B. 回油节流调速回路　　　C. 旁路节流调速回路

（10）对于下列4种液压控制阀的描述不正确的是（　　　）。

      A. 换向阀用于控制油液流动方向，接通或关闭油路

      B. 单向阀是利用弹簧力和液压力相互平衡的原理工作的

      C. 溢流阀是通过调整弹簧作用力控制进油口的油液压力稳定的

      D. 在定量泵的机床油路中，可用减压阀来降低控制油路的工作压力

3. 判断题（对的打 ✓，错的打 ✗）

（1）采用液控单向阀的闭锁回路比采用换向阀的闭锁回路锁紧效果好。　　　　　　　　（　　　）

（2）换向回路、卸荷回路都属于速度控制回路。　　　　　　　　　　　　　　　　　　（　　　）

（3）压力调定回路主要由溢流阀等组成。　　　　　　　　　　　　　　　　　　　　　（　　　）

（4）当液压系统中的执行元件停止工作时，一般应使液压泵卸荷。 （   ）

（5）变量泵的容积调速回路一般适用于功率较大的液压系统中。 （   ）

（6）将溢流阀接在液压缸的回油路上，可提高执行元件的运动平稳性。 （   ）

4. 简述题

液压系统中，锁紧回路、卸荷回路各应用在什么场合？

5. 分析题

（1）图5-60为一液压基本回路，试分析：

① 该液压基本回路主要有哪些液压元件?

② 该液压基本回路由哪些基本回路组成?

③ 图示状态下活塞是否运动?

④ 若2YA通电，活塞如何运动?

（2）如图5-61所示液压系统，试回答以下问题：

① 该系统采用了何种供油方式和调速方式?

② 该系统采用了哪一种速度换接回路?

③ 分析当电磁换向阀1YA和2YA分别通电或断电时，活塞的运动（方向和快慢）情况。

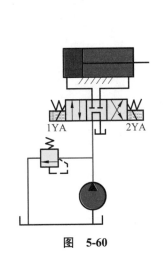

图 5-60

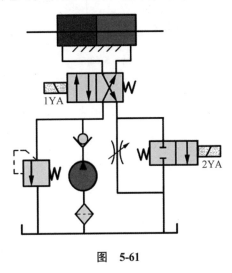

图 5-61

（3）观察图5-62所示液压基本回路，回答下列问题：

① 为使液压系统中的油液保持一定压力，并用来防止系统超载，起安全保护作用，需在虚线方框3内安装一个溢流阀，请补画溢流阀的图形符号。

② 该液压系统要实现卸荷，请在虚线方框4内补画元件的图形符号。

③ 该系统属于哪种调速回路?

④ 请完成快进、快退的电磁换向阀动作顺序，填写在表5-20中。

（4）试分析如图5-63所示液压回路的电磁换向阀动作顺序，并填写表5-21（通电为"+"，断电为"-"）。

表 5-20

电磁阀动作	1YA	2YA	3YA
快进			
快退			

表 5-21

电磁阀动作	1YA	2YA	3YA
快进			
工进			
快退			
停止			

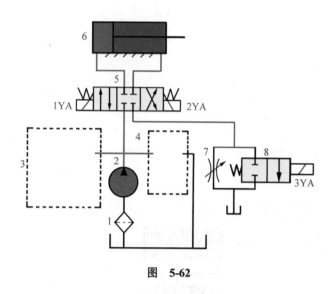

图 5-62

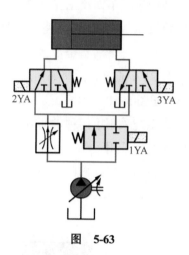

图 5-63

第6章　气压传动

2007年，欧洲空中客车工业公司研发的 A380 客机是目前世界上载客量最大的民用飞机之一，可承载 853 名乘客。

学习要求

- 了解气压传动的工作原理、基本参数和传动特点，明确气压传动系统的组成。
- 熟悉气源装置、汽缸、控制元件和辅助元件的结构、图形符号，理解其工作原理。
- 明确气压传动基本回路的组成、特点和应用，会识读一般气压传动系统图。

气压传动是以压缩空气为工作介质传递动力和控制信号的。气压传动技术由风动技术和液压技术演变发展而来，作为一门独立的新兴技术门类至今不到 50 年。由于气压传动具有高效、节能、防火、防爆、无污染等优点，因此在自动化领域得到了广泛的应用，并已成为当今工业科技的重要组成部分。

6.1　气压传动的基本知识

气压传动的工作原理

图 6-1（a）所示为气动剪切机的气动系统结构原理图。图示为工料剪切前的位置，当工料被送入剪切机到达指定位置时，行程阀启动工作，阀内的活塞右移。当行程阀右移至阀的底部时，使得气控换向阀的控制腔 A 通过行程阀与大气相通，压力降低，使阀芯在弹簧力作用下向下移动。此时，由空气压缩机产生压缩空气并经过初次净化处理后贮藏在储气罐中，经过空气过滤器、减压阀、油雾器以及气控换向阀，进入汽缸下腔。汽缸上腔的压缩空气通过气控换向阀排入大气。这时，汽缸活塞在压缩空气压力的作用下向上运动，带动剪刀将工料剪断。工料剪下后，与行程阀脱开，行程阀复位，活塞将排气通道封死，气控换向阀的控制腔 A 中的气压升高，迫使换向阀阀芯上移，气路换向。压缩空

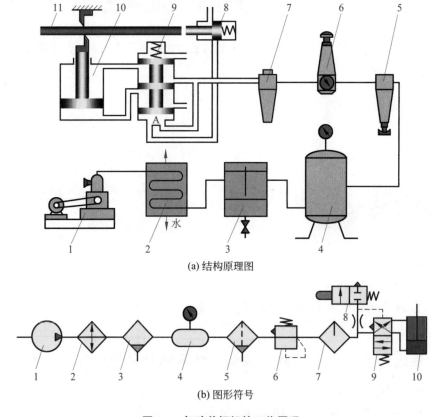

(a) 结构原理图

(b) 图形符号

图 6-1　气动剪切机的工作原理

1—空气压缩机；2—后冷却器；3—油水分离器；4—储气罐；5—过滤器；

6—减压阀；7—油雾器；8—行程阀；9—气控换向阀；10—汽缸；11—工料

气进入汽缸的上腔，汽缸下腔排气，汽缸活塞向下运动，带动剪刀复位，为下一个循环做准备。

图 6-1（a）所示的结构原理图直观性强，阅读方便，但绘制比较麻烦。图 6-1（b）所示是参照（GB 786.1—1993）标准绘制的图形符号图例。工程上一般采用图形符号来绘制气压传动系统图。

由上述气压传动的工作原理可知：气压传动工作时要经过压力能与机械能之间的转换，其工作原理是利用空气压缩机把电动机或其他原动机输出的机械能转换为空气的压力能，然后在控制元件的控制下，通过执行元件把压力能转换为直线或回转运动形式的机械能，从而完成各种动作并对外做功。

气压传动系统组成

从剪切机的例子可以看出，典型的气压传动系统由以下 4 个部分组成。

1. 气源装置

气源装置是用来产生具有足够压力和流量的压缩空气，并将其净化及贮存的一套装置。主体设备是空气压缩机，其功能是将原动机的机械能转化为气体的压力能，为各类气动设备提供动力。

用气量较大的厂矿都专门建立压缩空气站，通过管道向各用气点输送压缩空气。

2. 执行元件

执行元件是指将气体的压力能转化为机械能转换装置，如汽缸、电动机等，是最终为人们服务的部分。

3. 控制元件

控制元件是指控制气体的压力、流量及流动方向的元件，如压力阀、流量阀、换向阀等。

4. 辅助元件

辅助元件是使压缩空气润滑、消声以及用于元件之间连接所需的装置，如各种油雾器、消声器及管件等。

气压传动的优缺点

气压传动与机械、液压、电气传动相比，具有以下优点。

1. 气压传动的优点

① 空气为工作介质，经济、环保、安全，适应各种工作环境。
② 空气黏度小（约为液压油动力黏度的万分之一），便于远距离输送，能量损失小。
③ 可实现无级调速，传动迅速，维护简单。
④ 装置轻便，压力较低，系统工作可靠。
⑤ 可使气动系统实现过载保护作用。

2. 气压传动的缺点

① 空气具有可压缩性，工作稳定性较差。

②工作压力较低，在输出功力相同时，装置的结构尺寸比液压传动大。

③噪声大（特别在排气时）。

拓展视野

无扇叶风扇

传统的风扇是依靠扇叶的快速转动产生风的，然而英国詹姆士·戴森彻底摆脱了风扇扇叶这个部件，发明了造型独特无扇叶风扇，如图6-2所示。它是通过底座上的气旋加速装置吸收空气，然后将高速空气压缩，再通过环状部件释放出来，让徐徐凉风飘然而至。

图 6-2　无扇叶风扇

练习与实践

1. 填空题

（1）气压传动是以＿＿＿＿＿＿为工作介质进行＿＿＿＿＿＿和＿＿＿＿＿＿的一种传动方式。

（2）气压传动的工作原理是利用空气压缩机把电动机或其他原动机输出的＿＿＿＿＿＿转换为空气的＿＿＿＿＿＿，然后通过执行元件把其转换为直线或回转运动形式的＿＿＿＿＿＿。

（3）气压传动最突出的优点是其工作介质无＿＿＿＿＿＿，主要缺点是＿＿＿＿＿＿，＿＿＿＿＿＿大。

（4）气压传动系统由＿＿＿＿＿＿、＿＿＿＿＿＿、＿＿＿＿＿＿和＿＿＿＿＿＿4个部分组成。

2. 选择题

（1）除易于实现自动化控制、中远程控制、过载保护外，气压传动的特点还有（　　　）。

　　A. 工作稳定性好　　　B. 传动速度较慢　　　C. 工作压力较低

（2）与液压传动相比，气压传动速度（　　　）。

　　A. 较快　　　　　　　B. 较慢　　　　　　　C. 相同

（3）最适宜食品加工机械传动的是（　　　）。

　　A. 液压传动　　　　　B. 气压传动

3. 判断题（对的打 ✓，错的打 ✗）

（1）气压传动装置实质是一种能量转换装置。　　　　　　　　　　　　（　　　）

（2）气压传动便于远距离输送，能量损失小。　　　　　　　　　　　　（　　　）

（3）气压传动系统工作压力较低。　　　　　　　　　　　　　　　　　（　　　）

（4）气压传动工作稳定性好，噪声小。　　　　　　　　　　　　　　　（　　　）

（5）油雾器属于液压辅助元件。　　　　　　　　　　　　　　　　　　（　　　）

6.2 气压传动元件

气源装置

气源装置是用来产生具有足够压力和流量的压缩空气，并将其净化及贮存的一套装置。其主体设备是空气压缩机，其次是净化及贮存的设备。

用来驱动各种气动设备进行工作的压缩空气要求具有一定的压力，足够的流量，流量脉动小，气流均匀，并且清洁、干燥。为此，气源装置由以空气压缩机为主的 6 个部分组成，见表 6-1。

表 6-1 气源装置的组成

元件名称	功　用	实物图示及图形符号
空气压缩机	空气压缩机是将原动机提供的机械能转变为空气压力能的装置，它属于动力元件 按工作原理不同可分为动力式和容积式。常用的是容积式空气压缩机，它利用机械运动的位移改变密封工作容积大小，不断吸入和排出空气，以获得压缩空气	 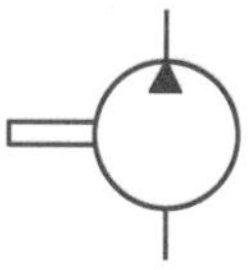
冷却器	冷却器（又称后冷却器）一般安装在空气压缩机出口的管道上，其作用是将压缩气体的温度由 140~170℃降至 40~50℃，使油雾和水汽迅速达到饱和，并凝结成水滴和油滴，经油水分离器排出	 
油水分离器	油水分离器一般安装在冷却器出口管道上，其作用是分离压缩空气中凝聚的水分、油分、灰尘等杂质，初步净化压缩空气	 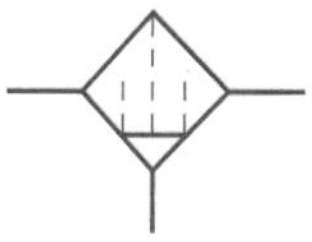
储气罐	调节气流，消除压力波动，保证输出气流的连续性和稳定性；储存一定量的压缩空气，作为应急使用；进一步分离水分和油分	 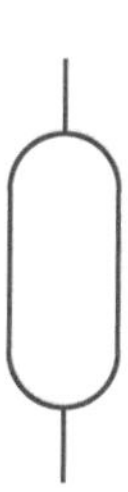

续表

元件名称	功 用	实物图示及图形符号
干燥器	干燥器安装在储气罐出口的管道上，吸收和排除其中的水分、油分及其他杂质	
过滤器	空气过滤器一般安装在气动系统入口处，较彻底地滤除压缩空气中水分、油分及其他杂质，使压缩空气达到系统所要求的净化程度	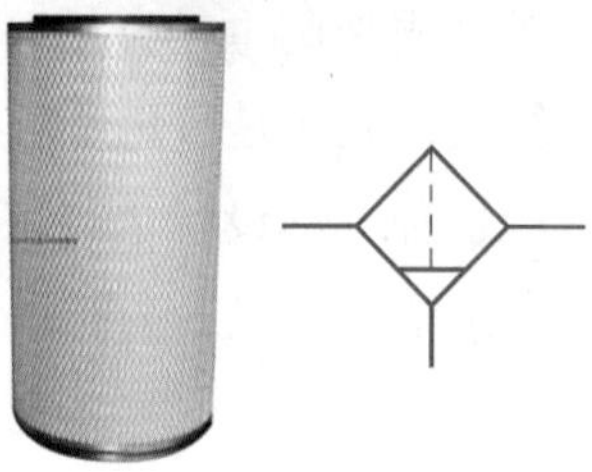

汽缸

汽缸是气压传动中的执行元件，其功能是将压缩空气的压力能转换为机械能并驱动工作机构做往复直线运动。

汽缸的种类很多，按压缩空气对活塞端面的作用方向不同，汽缸可分为单作用式和双作用式；按结构不同可分为活塞式、叶片式、膜片式和气液阻尼式；按有无缓冲装置分，可分为缓冲式和无缓冲式汽缸。表 6-2 为常用活塞式汽缸的结构及功能。

表 6-2 常用活塞式汽缸结构及功能

类 别	元件名称	简 图	原理及功能
单作用汽缸	单杆活塞式汽缸	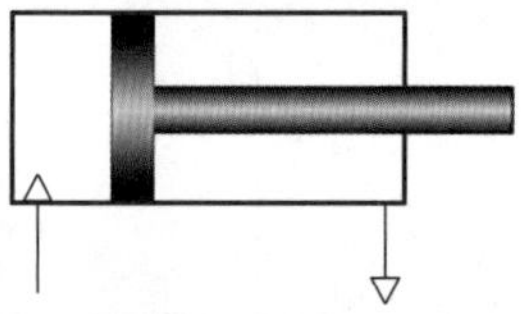	压缩空气驱动活塞向一个方向运动，借助外力复位，可以节约压缩空气，节省能源
	弹簧复位式汽缸	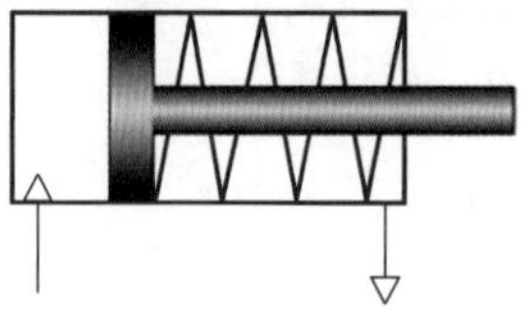	压缩空气驱动活塞向一个方向运动，靠弹簧力复位，输出推力随行程而变化，适用于小行程
双作用汽缸	普通式汽缸	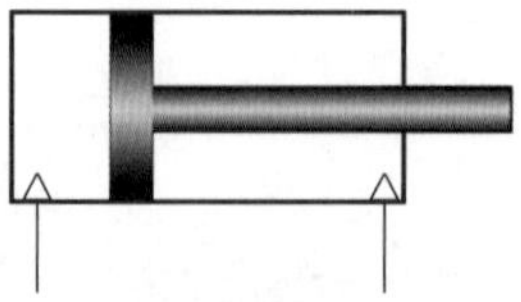	利用压缩空气使活塞向两个方向运动，两个方向输出的力和速度不等
	双出杆汽缸	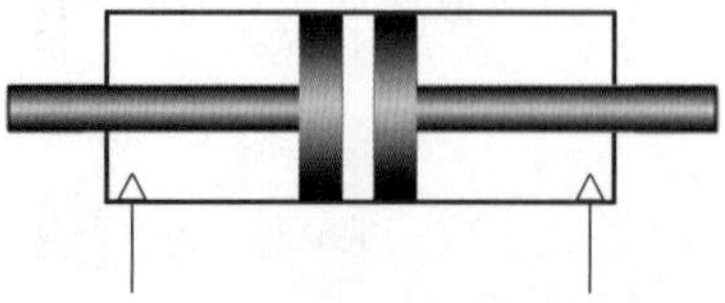	活塞向两个方向运动的速度和输出力均相等，适用于长行程

 气压控制阀

气压控制阀是用来控制和调节压缩空气的压力、流量和流向的控制元件。气压控制阀分为方向控制阀、压力控制阀和流量控制阀三大类。

1. 方向控制阀

气压传动系统中，方向控制阀通过改变压缩空气流动方向和气流的通或断，来控制执行元件的运动方向、启动或停止。它是气压传动系统中应用最多的一种控制元件。常用的方向控制阀功用、实物图示及图形符号见表6-3。

表6-3 方向控制阀的功用、实物图示及图形符号

元件名称	功 用	实物图示及图形符号
单向阀	控制气流的方向，使气流只能沿一个方向流动，不允许气流反向倒流	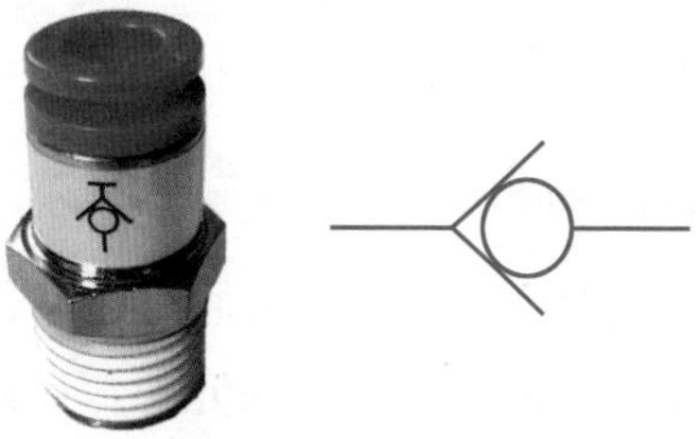
换向阀	改变阀芯位置，使气路接通或断开，从而使气动执行元件实现启动、停止或变换运动方向	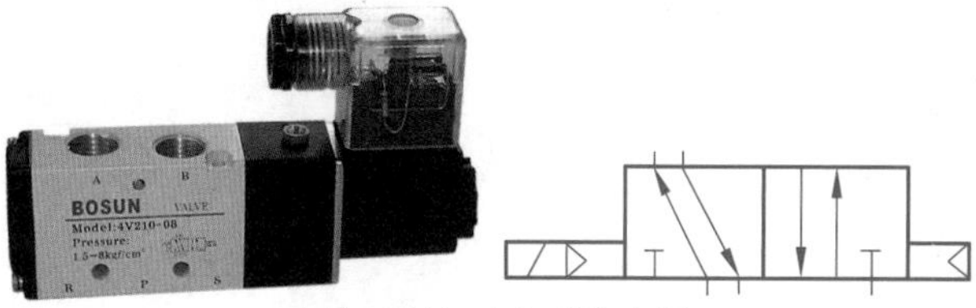 二位五通气动电磁换向阀

2. 压力控制阀

在气压传动中一般用压力控制阀完成系统压力的调节与控制。根据功能不同，压力控制阀可分为减压阀、顺序阀和溢流阀，它们的功用、实物图示及图形符号见表6-4。

表6-4 压力控制阀的功用、实物图示及图形符号

元件名称	功 用	实物图示及图形符号
减压阀	降低来自气源的压缩空气的压力，并保持压力稳定	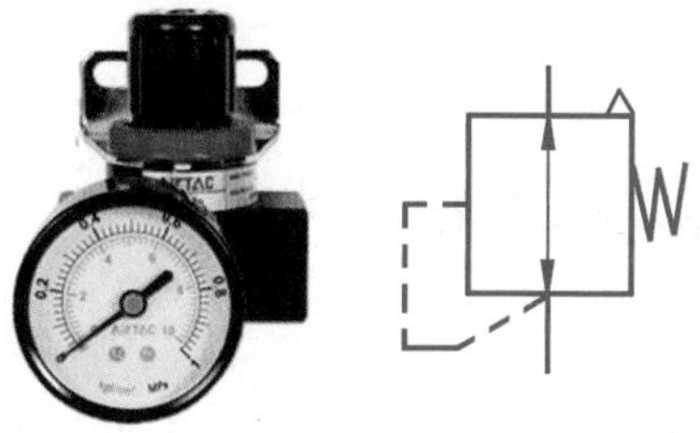

续表

元件名称	功 用	实物图示及图形符号
顺序阀	依靠回路中的压力变化来控制执行机构顺序动作	 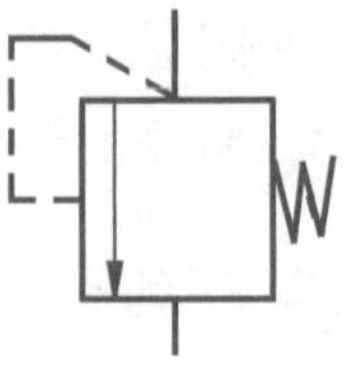
溢流阀	在系统中起过载保护作用。当储气罐或气动回路内的压力超过某气压溢流阀调定值时，溢流阀打开并向外排气；当系统的气体压力在调定值以内时，溢流阀关闭	 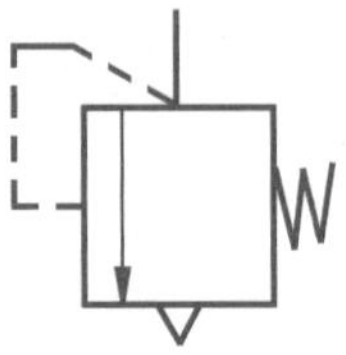

3. 流量控制阀

流量控制阀是通过改变阀的通流截面积来控制气压流量的大小，以改变汽缸工作时运动速度、换向速度和气动信号的传递速度的元件。常用的流量控制阀主要是排气节流阀、单向节流阀等，它们的功用、实物图示及图形符号见表6-5。

表 6-5　流量控制阀的功用、实物图示及图形符号

元件名称	功 用	实物图示及图形符号
排气节流阀	安装在排气口处，调节气动执行元件的运动速度，降低排气噪声	 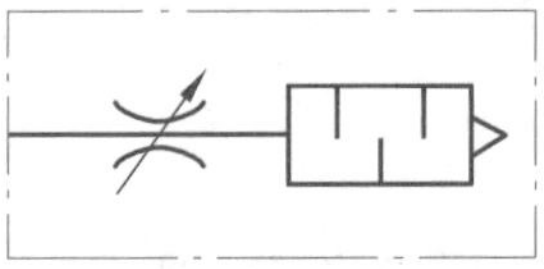
单向节流阀	气流正向流入时，节流阀起作用，调节执行元件的运动速度；气流反向流动时，单向阀起作用	 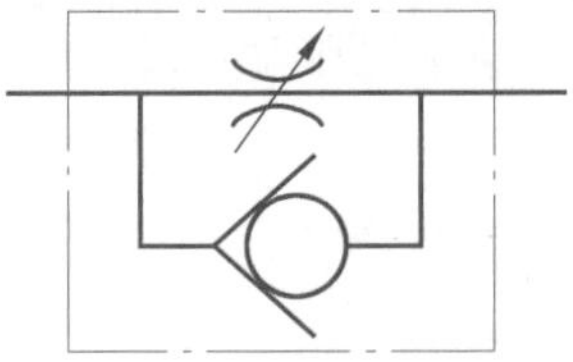

气动辅助元件

气动辅助元件是用于对气动系统进行润滑、消声以及元件之间连接所需的装置，它对保持气动系统可靠、稳定和持久工作，起着十分重要的作用。常用气动辅助元件的功用、实物图示及图形符号见表6-6。

表6-6　气动辅助元件的功用、实物图示及图形符号

元件名称	功　用	实物图示及图形符号
油雾器	油雾器是气动系统中一种特殊的注油装置。它以压缩空气为动力，将润滑油雾化后，随压缩空气进入需要润滑的部位，达到润滑气动元件的目的	
消声器	消声器安装在气动系统排气口处，其作用是降低气动系统排气的噪声（可达100~120dB）	

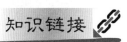

知识链接

气动三联件

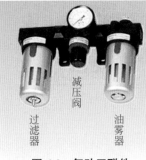

减压阀

过滤器　　油雾器

图6-3　气动三联件

　　减压阀通常安装在空气过滤器之后、油雾器之前，如图6-3所示。在实际生产中常把这3个元件做成一体，称为气动三联件，也称气动三大件。

练习与实践

1. 填空题

　　（1）气源装置是用来产生具有足够压力和流量的_____，并将其净化、处理及贮存的一套装置，主体设备是_____，其次还有_____、_____、_____、干燥器、空气过滤器等。

　　（2）冷却器作用是将空气压缩机出口的高压空气冷却至_____℃，使油雾和水汽分别凝结成液滴，从空气中分离出来。

　　（3）汽缸是气压传动中的_____元件，其功能是将压缩空气的_____换为_____。

　　（4）气压传动控制阀是用来控制和调节压缩空气的流向、压力和流量的。按照功用不同，气压传动控制阀分为_____控制阀、_____控制阀和_____控制阀。

　　（5）排气节流阀的作用是_____。

（6）消声器的作用是_____，一般安装在气动系统_____。

2. 选择题

（1）以下表示空气压缩机的图形符号是（   ）。

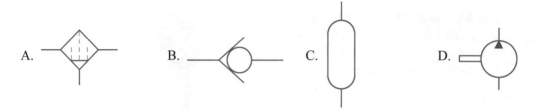

（2）气压传动中冷却器的作用是降低（   ）。

    A. 空气压缩机的温度   B. 压缩空气的温度   C. 润滑油的温度

（3）不属于储气罐的作用是（   ）。

    A. 稳定压缩空气的压力   B. 储存压缩空气

    C. 分离油水杂质   D. 滤去灰尘

（4）分离清除压缩空气中的水分、油等杂质，使压缩空气得到净化，主要由（   ）来实现。

    A. 冷却器   B. 储气罐   C. 过滤器

（5）气压传动中的执行元件是（   ）。

    A. 空气压缩机   B. 汽缸   C. 压力控制阀   D. 油雾器

（6）不属于气动三联件的是（   ）。

    A. 冷却器   B. 减压阀   C. 油雾器   D. 过滤器

（7）下列供气系统元件安装布置顺序正确的是（   ）。

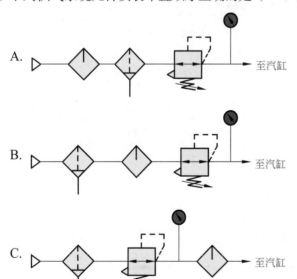

3. 判断题（对的打 ✓，错的打 ✗）

（1）气压传动系统中元件的润滑是利用工作介质完成的。   （   ）

（2）油雾器是一种特殊的注油装置，它以压缩空气为动力，将润滑油雾化后注入空气流中，随压缩空气流入需要润滑的气动元件，以达到润滑的目的。   （   ）

（3）压力控制阀按功能不同可分为安全阀、单向阀和顺序阀。　　　　　　　（　　）

（4）储气罐提供的空气压力高于每台装置所需的压力。　　　　　　　　　　（　　）

（5）流量控制阀都是通过改变控制阀的通流截面积来实现流量控制的。　　　（　　）

6.3 气压传动基本回路

　　气压传动基本回路是由一系列气动元件组成的能完成某项特定功能的典型回路，按功能分主要有方向控制回路、压力控制回路、速度控制回路等。与液压传动相比，气压传动基本回路有其自身的特点：

　　① 一个空气压缩机可同时向多个回路供气，而液压泵一般只供一个回路使用。

　　② 压缩空气在循环结束后直接排入大气，无须像液压传动一样，将油液回收进油箱。

　　③ 空气自身润滑性能差，要另加供油装置。

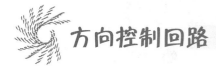

方向控制回路

　　方向控制回路是用来控制系统中执行元件启动、制动或改变运动方向的回路。最常见的是换向回路。

1. 单作用汽缸的换向回路

　　如图6-4所示为二位三通电磁换向阀控制的换向回路。当电磁铁通电时，阀工作在左位，压缩空气作用在活塞上，顶出活塞杆。当电磁铁断电时，阀工作在右位，活塞受弹簧作用，连同活塞杆一起复位。

2. 双作用汽缸的换向回路

　　图6-5所示为三位四通手动换向阀控制的双作用汽缸换向回路。当手柄上端左扳时，左位接入系统，压缩空气经换向阀进入汽缸左腔，推动活塞右移；当手柄上端右扳时，右位接入系统，压缩空气经换向阀进入汽缸右腔，推动活塞左移；当换向阀处在中位时，进、出汽缸的气路被封闭，活塞停止运动。

　　图6-6所示为双气控换向回路，它是采用双气控二位四通换向阀的双作用汽缸换向回路。当手动控制阀1按下时，双气控二位四通换向阀2左拉接入系统，汽缸左腔进气，活塞向右移动。当活塞杆运动到右端碰到行程阀3时，双气控二位四通换向阀2切换到右位，汽缸右腔进气，活塞返回。

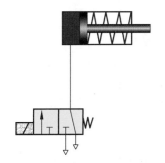

图6-4　单作用汽缸的换向回路

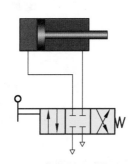

图6-5　双作用汽缸的换向回路

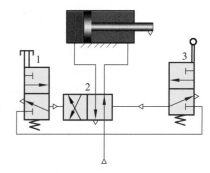

图6-6　双气控换向回路

压力控制回路

压力控制回路是使回路中的压力值保持稳定，或使回路获得高、低不同压力的回路。

图 6-7 所示为二次压力控制回路，它是对气动装置的气源入口处压力进行调节的回路。从压缩空气站输出的压缩空气，经空气过滤器、减压阀、油雾器后供系统使用。

图 6-8 所示为高、低压转换回路。它是采用减压阀和换向阀控制的输出高、低压力的回路，由换向阀控制可得到高压或低压气源。

图 6-8 中减压阀 1 输出压力为 P_1，减压阀 2 输出压力为 P_2。调节减压阀 1、减压阀 2，使 $P_1 > P_2$。当处于图示位置时，二位三通换向阀上位接入工作状态时，系统压力为 P_2，从而实现了气压传动系统高、低气压的转换。

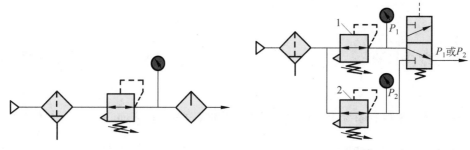

图 6-7　二次压力控制回路　　　　图 6-8　高、低压转换回路

速度控制回路

速度控制回路是通过控制系统中气体的流量，来控制执行元件运动速度的回路。常用节流阀和调速阀进行调速。

如图 6-9 所示为双作用缸单向调速控制回路。图 6-9（a）为进气路节流调速回路，其工作原理与液压传动进油节流调速回路相同；图 6-9（b）为排气路节流调速回路，其工作原理与液压传动回油节流调速回路相同。

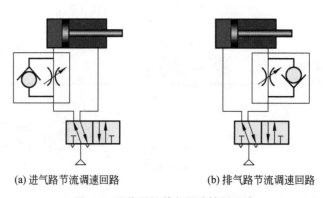

(a) 进气路节流调速回路　　　　　　(b) 排气路节流调速回路

图 6-9　双作用缸单向调速控制回路

世界汽车之最

1886年1月29日，德国工程师卡尔·奔驰以一辆汽油发动机三轮车获得汽车制造专利权。这一天被公认为世界首辆汽车诞生日。

世界上最长的轿车是用通用汽车公司的凯迪拉克（Cadillac）改装而成的"美国之梦"号，车身长达21.93m，质量7.265t。该车有28个座位、9对车轮。车内陈设极其豪华，并设有计算机控制的自动化酒吧间柜台、电话、音响系统、卫星电视，还有盥洗室、微波炉等。更为奇特的是，车后还有一个小型游泳池，盖上盖后，可作为直升机升降台。

世界上最大的履带式搬运车是美国搬运土星5号火箭的运载车，长35m，高6m，质量2700t。当它载运土星5号火箭时，总质量为5400t，只能以1.6km的时速缓慢地把火箭运往发射场。

世界上功率最大的汽车是由美国弗拉德斐的怀特先生资助建造、经过两年时间完工的"怀特三倍号"，它也是历史上最大的汽车。该车重4500kg，由3台自由牌V12飞机发动机做动力，总排量达81.188L，功率为1125kW（1500马力）。

世界上最快的汽车：1997年安迪·格林驾驶"推力SSC"号喷气式汽车创下超音速的1221km／h陆地最高车速世界纪录。

练习与实践

（1）图6-10所示的气动系统中，元件2为气液阻尼缸——汽缸和油缸串联，以压缩空气为动力源，驱动汽缸通过封闭油缸的阻尼调节作用获得平稳的移动。请你认真分析气动系统并完成以下填空。

元件1称为＿＿＿＿＿＿＿＿，其作用是＿＿＿＿＿＿＿＿；

元件2称为＿＿＿＿＿＿＿＿，其作用是＿＿＿＿＿＿＿＿；

元件3称为＿＿＿＿＿＿＿＿，其作用是＿＿＿＿＿＿＿＿；

元件4称为＿＿＿＿＿＿＿＿，其作用是＿＿＿＿＿＿＿＿；

元件5称为＿＿＿＿＿＿＿＿，其作用是＿＿＿＿＿＿＿＿。

该回路在＿＿＿＿＿＿（进／退）阶段可以实现调速,执行元件运动平稳性＿＿＿＿＿＿（较好／较差）。

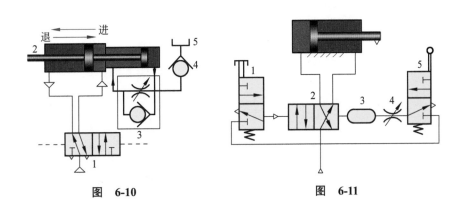

图　6-10　　　　　　　　图　6-11

（2）试分析图 6-11 所示的气动系统能实现的工作过程。

①按下阀 1 的按钮，阀 2 处于_____（左位／右位）工作，汽缸活塞向_____（左／右）运动。碰到行程阀 5 后活塞_____（延时／立即）向_____（左／右）运动。

②按下一次按钮，汽缸完成_____次往复动作。该回路属于_____往复动作回路。

③将阀 5 的进气口、排气口接反后，系统_____（能／不能）正常工作。

附录A 平键和键槽公差国家标准（GB 1095—1979）

单位：mm

轴	键	键槽											
			宽度					深度				半径 r	
		公称尺寸 b	极限偏差					轴 t		毂 t₁			
公称直径 d	公称尺寸 b×h		较松键联接		一般键联接		较紧键联接	公称尺寸	极限偏差	公称尺寸	极限偏差	最小	最大
			轴H9	毂D10	轴N9	毂Js9	轴和毂 P9						
6~8	2×2	2	+0.0250	+0.060	−0.004	±0.0125	−0.006	1.2	+0.1 0	1.0	+0.1 0	0.08	0.16
>8~10	3×3	3	0	+0.020	−0.029		−0.031	1.8		1.4			
>10~12	4×4	4	+0.080	+0.078	0	±0.015	−0.012	2.5		1.8			
>12~17	5×5	5	0	+0.030	−0.030		−0.042	3.0		2.3		0.16	0.25
>17~22	6×6	6						3.5		2.8			
>22~30	8×7	8	+0.036	+0.098	0	±0.018	−0.015	4.0		3.3			
>30~38	10×8	10	0	+0.040	−0.036		−0.051	5.0		3.3			
>38~44	12×8	12	+0.043	+0.120	0	±0.0215	−0.018	5.0	+0.2 0	3.3	+0.2 0	0.25	0.40
>44~50	14×9	14	0	+0.050	−0.043		−0.061	5.5		3.8			
>50~58	16×10	16						6.0		4.3			
>58~65	18×11	18						7.0		4.4			
>65~75	20×12	20	+0.052	+0.149	0	±0.026	−0.022	7.5		4.9			
>75~85	22×14	22	0	+0.065	−0.052		−0.074	9.0		5.4		0.40	0.60
>85~95	25×14	25						9.0		5.4			
>95~110	28×16	28						10.0		6.4			
>110~130	32×18	32	+0.062	+0.180	0	±0.031	−0.026	11.0		7.4			
>130~150	36×20	56	0	+0.080	−0.062		−0.088	12.0		8.4			
>150~170	40×22	40						13.0		9.4		0.70	1.0
>170~200	45×25	45						15.0		10.4			
>200~230	50×28	50						17.0		11.4			
>230~260	56×32	56	+0.074	+0.220	0	±0.037	−0.032	20.0	+0.3 0	12.4	+0.3 0	1.2	1.6
>260~290	63×32	63	0	+0.100	−0.074		−0.106	20.0		12.4			
>290~330	70×36	70						22.0		14.4			
>330~380	80×40	80						25.0		15.4			
>380~440	90×45	90	0.087	+0.260	0	±0.0435	−0.037	28.0		17.4		2.0	2.5
>440~500	100×50	100	0	+0.120	−0.087		−0.124	31.0		19.4			
键的长度系列	6，8，10，12，14，16，18，20，22，25，28，32，36，40，45，50，56，63，70，80，90，100，110，125，140，160，180，180，200，220，250，280，320，360												

附录 B 常用滚动轴承的类型、代号及特性

轴承类型		轴承类型简图	类型代号	标 准 号	特性与应用
调心球轴承			1	GB/T 281	主要承受径向载荷，也可同时承受少量的双向轴向载荷。外圈滚道为球面，具有自动调心性能，适用于弯曲刚度小的轴
调心滚子轴承			2	GB/T 288	用于承受径向载荷，其承载能力比调心球轴承大，也能承受少量的双向轴向载荷。具有调心性能，适用于弯曲刚度小的轴
圆锥滚子轴承			3	GB/T 297	能承受较大的径向载荷和轴向载荷。内外圈可分离，故轴承游隙可在安装时调整，通常成对使用，对称安装
双列深沟球轴承			4	—	主要承受径向载荷，也能承受一定的双向轴向载荷。它比深沟球轴承具有更大的承载能力
推力球轴承	单向		5（5100）	GB/T 301	只能承受单向轴向载荷，适用于轴向力大而转速较低的场合
	双向		5（5200）	GB/T 301	可承受双向轴向载荷，常用于轴向载荷大、转速不高的场合
深沟球轴承			6	GB/T 276	主要承受径向载荷，也可同时承受少量双向轴向载荷。摩擦阻力小，极限转速高，结构简单，价格便宜，应用最广泛

续表

轴承类型	轴承类型简图		类型代号	标　准　号	特性与应用
角接触球轴承			7	GB/T 292	能同时承受径向载荷与轴向载荷，接触角有15°、25°、40° 3种。适用于转速较高、同时承受径向和轴向载荷的场合
推力圆柱滚子轴承			8	GB/T 4663	只能承受单向轴向载荷，承载能力比推力球轴承大得多，不允许轴线偏移。适用于轴向载荷大而不用调心的场合
圆柱滚子轴承	外圈无挡边圆柱滚子轴承 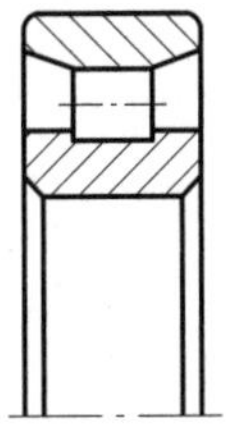		N	GB/T 283	只能承受径向载荷，不能承受轴向载荷。承受载荷能力比同尺寸的球轴承大，尤其是承受冲击载荷能力大

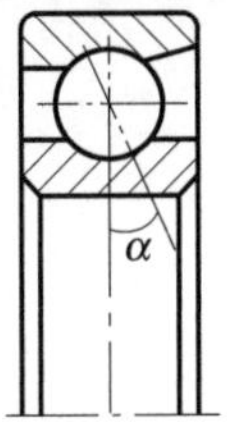

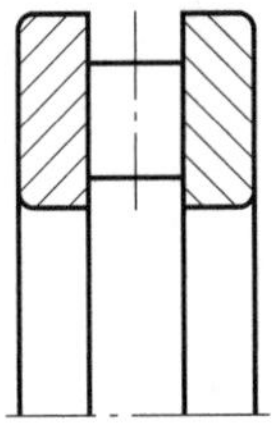

参 考 文 献

[1] 黄汉军.机械基础（近机类专业适用）[M].北京：化学工业出版社，2007.

[2] 宋正和，张了泉.机械设计基础[M].北京：北京交通大学出版社，2007.

[3] 乔西铭，李一龙.机械工程基础[M].北京：清华大学出版社，2006.

[4] 韩满林.机械基础（机电技术专业）[M].北京：电子工业出版社，2008.

[5] 崔培雪.液压识图100例[M].北京：化学工业出版社，2008.

[6] 李乃夫.液压与气动[M].北京：电子工业出版社，2009.

[7] 栾学纲，赵玉奇.机械基础（多学时）[M].北京：高等教育出版社，2010.

[8] 邹振宏，黄云祥.机械基础（多学时）[M].北京：中国铁道出版社，2010.

[9] 河北省职业技术教育研究所.机械专业课复习指南[M].北京：高等教育出版社，2010.

[10] 劳动和社会保障部教材办公室.机械基础[M].5版.北京：中国劳动社会保障出版社，2011.

[11] 马成荣.机械基础学习指导和练习[M].北京：人民邮电出版社，2011.

[12] 刘海川.机械基础（高职高专教材）[M].北京：石油工业出版社，2013.

[13] 李子云，刘岩，张雄才.汽车机械基础[M].北京：清华大学出版社，2013.

[14] 顾淑群.机械基础[M].北京：机械工业出版社，2014.

[15] 代礼前，李东和.机械基础[M].北京：北京邮电大学出版社，2014.

后　记

　　2009 年笔者编写的彩色版《机械工程材料》由清华大学出版社出版发行,并陆续在浙江、湖南、四川、山东、安徽、河南、河北等省市的一些中等职业学校使用。《机械工程材料》新教材创新编写,结构新颖,特色鲜明,图文并茂,质量上乘,得到了广大中职机械教师和教育专家的普遍好评,2011 年入围、2013 年正式被教育部评为"国家改革创新示范教材",纳入国家规划教材,优先推荐各中等职业学校使用。为清华大学出版社销售量最好的教材之一。

　　受此激励与鼓舞,2011 年,笔者又着手编写彩色版《机械基础》新教材。彩色版《机械基础》秉承彩色版《机械工程材料》编写理念,潜心研究课程内容及教学,汲取以往教材编写的成功经验,摒弃不足,兼顾传承与创新。

　　《机械基础》的编写以培养初、中级技术工人为目标,注重科学性,体现先进性,突出实用性,从学生的学习兴趣和生活实际出发,以"宽、浅、用、新"为原则重构课程内容,打破了以往教材编写的传统模式,采用主干知识加"交流与讨论""活动与探究""拓展视野""知识链接""机械史话""你知道吗"等多栏目的形式编写,除设计问题情景,引导同学们开展讨论,引领同学们积极投身实践活动之外,还对机械零件、机构、机器的原理、结构及应用配备了大量的彩色图片,创设一系列有助于学生学习方式转变的教学情景,引导学生认识身边的机械,帮助学生更多地了解机械在实际生产、科技发展及日常生活中的应用,学会运用机械结构原理知识分析、解决一些简单的实际问题。

　　在本书的编写过程中,援引、参考了许多文献和网站的相关资料,也得到了编者的几位同事的鼎力相助。杨香华老师对本书编写提出了许多建设性意见,田洪平、姜康珠、李争艳、郝未来等老师帮助绘制了图片和编写了习题,在此对他们一并表示衷心的感谢! 本书的出版得到了清华大学出版社的大力支持,在此表示诚挚的谢意! 由于水平有限,本书还有不妥之处,恳请广大读者批评指正。

毛松发

2016 年 3 月